高等院校信息技术规划教材

Web服务
——基于Java+XML的应用

张家明 张继强 姜在安 崔玲玲 编著

清华大学出版社
北京

内 容 简 介

本书详细介绍 Web 服务的基本概念、XML 的基础知识、XML Schema、DOM 与 SAX、WSDL 与 UDDI、SOAP,以及基于 SOAP 的 Web 服务。本书采用由浅到深逐级递进的方式,阐述由 Java 和 XML 共同搭建的 Web 服务和基于互联网的数据库应用。

本书可作为本科计算机科学与技术、软件外包或高职高专计算机软件、计算机网络等专业的程序设计课程教材。

图书编目(CIP)数据

Web 服务:基于 Java+XML 的应用/张家明等编著. —北京:清华大学出版社,2021.1

高等院校信息技术规划教材

ISBN 978-7-302-56704-2

Ⅰ. ①W… Ⅱ. ①张… Ⅲ. ①JAVA 语言—程序设计—高等学校—教材 ②可扩展标记语言—程序设计—高等学校—教材 Ⅳ. ①TP312

中国版本图书馆 CIP 数据核字(2020)第 203008 号

责任编辑:袁勤勇
封面设计:常雪影
责任校对:焦丽丽
责任印制:吴佳雯

出版发行:清华大学出版社

网　　址:http://www.tup.com.cn,http://www.wqbook.com
地　　址:北京清华大学学研大厦 A 座　　**邮　　编**:100084
社 总 机:010-62770175　　**邮　　购**:010-83470235
投稿与读者服务:010-62776969,c-service@tup.tsinghua.edu.cn
质量反馈:010-62772015,zhiliang@tup.tsinghua.edu.cn
课件下载:http://www.tup.com.cn,010-83470236

印 装 者:北京国马印刷厂
经　　销:全国新华书店
开　　本:185mm×260mm　　**印　　张**:9　　**字　　数**:207 千字
版　　次:2021 年 1 月第 1 版　　**印　　次**:2021 年 1 月第 1 次印刷
定　　价:39.00 元

产品编号:079316-01

前言 Foreword

互联网浪潮深刻改变着社会的各行各业，互联网技术的迭代性强已经是不争的事实，作为新一代的Web技术，Web服务是面向服务计算模式的一部分，用于互联网上的信息交换。Web服务技术是将各类应用组件轻松地装配成服务网络，通过服务之间松散的耦合创建动态的跨多个组织和各类计算平台的业务流程和应用，许多公司已经将一些重要的业务流程打包成Web服务，在互联网上提供服务。

本书共分7章，主要内容如下。

第1章　Web服务概述。学习Web服务的应用背景、特点及功能，掌握Web服务的技术组成、Web服务的工作原理、Web服务的协议构成，了解Web服务的通信模型、Web服务的开发步骤以及常用的Web服务开发平台。

第2章　XML基础。学习XML的特点及历史，掌握XML的文档结构、XML的基本语法、XML的相关技术，使用XML Spy建立XML文档。

第3章　XML Schema。学习XML Schema的概念和定义内容，掌握XML Schema的文档结构、XML Schema的数据类型、XML Schema的元素声明、XML Schema的属性声明以及XML Schema模式重用的方式。

第4章　DOM与SAX。学习一些常用的解析器接口，了解DOM的概念、DOM的文档结构、DOM常用的API，掌握基于DOM的增、删、改、查操作，SAX的概念及实现机制、SAX的常用事件及常用API、使用SAX处理XML的基本步骤。

第5章　WSDL与UDDI。学习WSDL的作用，了解WSDL的文档结构、WSDL绑定、UDDI的作用、UDDI的实现机制、UDDI的数据结构、UDDI的API，理解WSDL到UDDI数据结构的映射。

第6章　SOAP。学习SOAP的应用背景，掌握SOAP的消息结构、常用的JAXM元素、SOAP的连接方式、SOAP客户端的实现方式、SOAP服务器端的实现方式。

第7章　基于SOAP的Web服务。学习JAX-WS的基本概念，掌握基于SOAP的Web服务的创建方法、JAX-WS的常用注解。

本书既适合在校大学生学习，也适用于工程单位的实际应用，具有良好的市场前景。

作者工作单位为山东省调水工程运行维护中心棘洪滩水库管理站，是国内较早的长距离调水工程运营单位，由于跨流域、跨地区运行管理的工作特点，对互联网模式下数据服务的需求比较迫切。提高数据服务能力，为调水工程的科学调度提供决策支持，逐步推进调水工程管理体系和治理能力现代化，已经成为当前和今后一个时期本单位的工作重点。

在本书的编写和出版过程中得到了潍坊学院崔玲玲老师的大力帮助，并提出了很多宝贵意见和建议，在此向她表示最诚挚的感谢！山东省调水工程运行维护中心寒亭管理站张继强工程师、山东省调水工程运行维护中心平度管理站姜在安工程师在部分章节编写和资料收集中付出了辛勤劳动，在此表示衷心感谢。

由于作者水平有限和时间仓促，书中不当之处在所难免，恳请读者批评指正。

作　者

2020年5月

目录 Contents

第1章 chapter 1

Web 服务概述

本章学习目标

- 了解 Web 服务的应用背景
- 掌握 Web 服务的特点及功能
- 掌握 Web 服务的技术组成
- 了解 Web 服务的优势和局限
- 掌握 Web 服务的工作原理
- 掌握 Web 服务的协议构成
- 了解 Web 服务的通信模型
- 掌握实现 Web 服务的开发步骤
- 了解常用的 Web 服务开发平台

1.1 Web 服务简介

事实证明,Java 是一种非常成功的编程语言和应用平台,而 XML 出现后一直以惊人的速度发展,如果将 XML 与 Java 结合,Internet 数据的集成度将远远超过单独使用 Java 的集成度。近年来,Web 服务一直是程序设计人员研究的热点之一,它的发展将极大地推动企业和企业间的集成应用,提高其操作性。

1.1.1 引言

Web 服务是一种分布式的计算技术,是符合业界标准的分布式应用组件,能够基于开放的标准和技术在 Internet 上实现应用程序之间的互操作。Web 服务在网络中通过标准的 XML 协议和消息格式来发布和访问商业应用服务,并可以使用各种计算平台、手持设备、家用电器对其进行动态查找、订阅和访问,极大地拓展了应用程序的功能,实现了软件的动态提供。

Web 服务是建立于 SOA(Service-Oriented Architecture,面向服务的体系架构)基础

之上的最新分布式计算方式，可以将软件组件发布为服务。简而言之，Web服务是自描述的模块化业务程序，其通过可编程接口经Internet将业务逻辑发布为服务，并通过Internet协议来动态查找、订阅和使用这些服务。Web服务建立在XML的标准上，可以使用任何编程语言、协议或平台开发出松散耦合的应用，让任何人能够在任何时间通过任何平台访问该业务程序。

1.1.2 Web服务特点

Web服务就是一个向外界提供的基于Internet的应用程序，用户可以通过编程方式在Internet上调用这些Web服务的应用程序。例如创建一个简单的Web服务，其作用是返回某个城市当前的天气情况。它接收城市作为查询字符串，然后返回该城市的天气信息。用户访问该Web服务，可以通过创建一个页面，在此页面中输入城市名称，单击"提交"按钮，将城市名称提交给Web服务，其将查询的信息返回到页面中。关于Web服务更为准确的解释是：Web服务是一种安装在Web服务器上的对象，它们具有对象技术所承诺的所有优点，同时又建立在以XML为主的基础上；Web服务是一套标准，它定义了应用程序如何在Web上实现互操作，用户可以用任何语言，在任何平台上编写所需要的Web服务。对于外部的Web服务使用者而言，Web服务实际上是一种部署在Web上的对象或者组件，可以直接像调用本地函数一样使用，Web服务应用程序具备如下特征。

- 封装性。Web服务是一种安装在Web服务器上的对象，具备对象的良好封装性，对于用户而言，只须知道该对象的功能列表，无须了解内部代码流程。
- 松散耦合性。只要Web服务的调用接口不变，Web服务的内部变更对调用者来说没有任何影响。
- 使用标准协议规范。Web服务基于XML消息交换，其所有公共的协约需要使用开放的标准协议进行描述、传输和交换。相比一般对象而言，其界面调用更加规范化，更易于机器理解。
- 高度可集成性。由于Web服务采取简单的、易理解的标准协议作为组件描述，所以完全屏蔽了不同软件、平台的差异，无论是CORBA、DCOM还是J2EE都可以通过这种标准的协议进行交互操作。
- 易构建。要构建Web服务，开发人员可以使用任何常用编程语言(如Java、C#、Perl等)及其现有的应用程序组件。

从本质上看，Web服务并不是一种全新的体系，它只是对原有技术的一次革新。早期的Web应用程序是最常见的分布式系统，可以实现终端用户和Web站点之间的交互。而Web服务则面向服务，可以通过Internet进行应用程序到应用程序的通信，并提供不同环境下的应用程序和设备的可访问性。传统的Web应用程序与Web服务之间有着显著的区别。

- Web服务通过基于XML的RPC(Remote Procedure Call)机制调用，可以穿越防火墙。
- Web服务可以提供基于XML消息交换的跨平台跨语言的解决方案。

- Web 服务基于轻量级构建,可简化应用程序集成。
- Web 服务可以方便地实现异构应用程序间的互操作。

1.1.3 Web 服务组成

Web 服务平台提供了一套标准的类型系统,以用于沟通不同平台、编程语言和组件模型中的数据类型。在传统的分布式系统平台中,提供了一些方法来描述界面、方法和参数,同样在 Web 服务平台中也提供了一种标准来描述这些 Web 服务,使客户可以得到足够的信息来调用这些 Web 服务;此外,还提供了一种方法来对这些 Web 服务进行远程调用,这种方法实际上是一种远程过程调用协议(RPC),为了达到互操作性,这种 RPC 协议必须与平台和编程语言无关。从总体上说,用于构建和使用 Web 服务的主要有 4 种标准和技术:XML、SOAP、WSDL、UDDI。

1. XML

XML 是 Web 服务平台中表示数据的基本格式,XML 使用 Unicode 编码,采用自描述的数据结构,能够以简单的文本文档格式存储、传输和读取数据。现在 XML 已经作为应用程序、系统和设备之间通过 Internet 交换信息的通用语言而被广泛接受。

另外,W3C 制定了一套标准 XMLSchema,它定义了一套标准的数据类型,并给出了一种语言来扩展这套数据类型,Web 服务平台就是用 XMLSchema 作为其数据类型系统的。XML 是 Web 服务标准的基础,也是 Web 服务模型的核心。

2. SOAP

SOAP(Simple Object Access Protocol,简单对象传输协议),是一种基于 XML 的轻量级消息交换协议。利用 SOAP 可以在两个或多个对等实体之间进行信息交换,并可以使这些实体在分散的分布式应用程序环境中相互通信。与 XML 一样,SOAP 也独立于语言、运行平台或设备。

在 Web 服务模型中,SOAP 可以运行在任何其他传输协议(HTTP、SMTP、FTP 等)之上。SOAP 定义了一套编码规则,该规则定义了如何将数据表示为消息,以及怎样通过 HTTP 等传输协议来使用 SOAP。SOAP 是基于 XML 语言和 XSD 标准的,其中 XML 是 SOAP 的数据表示方式。另外,SOAP 提供了标准的 RPC 方法来调用 Web 服务,以请求/响应的模型运行。

3. WSDL

WSDL(Web Services Description Language,Web 服务描述语言)标准是一种 XML 格式,用于描述网络服务及其访问信息。它用于定义 Web 服务以及如何调用它们,即描述 Web 服务的属性,例如它做什么,位于哪里和怎样调用它等。

在 Web 服务模型中,WSDL 用于定义 Web 服务的元数据语言,描述服务提供方和请求方之间如何进行通信。WSDL 文档可用于动态发布 Web 服务功能、查找已发布的

Web 服务以及绑定 Web 服务。在 WSDL 中包含了使用 SOAP 的服务描述的绑定，也包含了使用简单 HTTP GET 和 POST 请求的服务描述的绑定。

4. UDDI

UDDI(Universal Description,Discovery and Integration)是通用描述、发现和集成的英文缩写，它是由 Ariba、IBM、Microsoft 等公司倡导的，它提供了在 Web 上描述并发现商业服务的框架。UDDI 定义了一种在通用注册表中注册 Web 服务并划分其类别的机制。查询 UDDI 注册表以寻找某项服务时，将返回描述该服务接口的 WSDL 描述。通过 WSDL 描述，开发人员可以开发出与服务提供方通信的 SOAP 客户端接口。

UDDI 的核心组件是 UDDI 商业注册，它使用一个 XML 文档来描述企业及其提供的 Web 服务。从概念上来说，UDDI 商业注册所提供的信息包括 3 个部分："百页(White Page)"包括了地址，联系方法和已知的企业标识；"黄页(Yellow Page)"包括了基于标准分类法的行业类别；"绿页(Green Page)"则包括了关于该企业所提供的 Web 服务的技术信息。UDDI 与书籍的目录页非常相似，其形式可能是一些指向文件或是 URL 的指针，而这些文件或 URL 是为服务发现机制服务的。所有的 UDDI 商业注册信息存储在 UDDI 商业注册中心中，一旦 Web 服务注册到 UDDI，客户就可以很方便地查找和定位到所需要的 Web 服务。

UDDI 可以实现为公共注册表，以支持全球范围的团体；也可以实现为私有注册表，以支持企业或私人团体。

1.1.4 Web 服务优势与局限

Web 服务的目标是创建可互操作的分布式应用程序的新平台，在下面几种场合使用 Web 服务将会体现其极大的优势。

1. 跨防火墙通信

传统的 Web 应用程序拥有不计其数的用户，而且分布在世界各地，此时客户端和服务器之间的通信将是一个非常棘手的问题，因为客户端和服务器之间通常会有防火墙或者代理服务器。在这种情况下，选用 DCOM 就不是那么简单了，而且通常也不便于把客户端程序发布到每一个用户手中。传统的做法是，采用 B/S 结构，选择浏览器作为客户端，写下一堆 JSP 代码，把应用程序的中间层暴露给最终用户，这样开发难度较大，甚至会得到一个很难维护或根本无法维护的应用程序。

如果把中间层组件换成 Web 服务的话，就可以从用户界面直接调用中间层组件，从而省掉建立 JSP 页面的步骤。而要调用 Web 服务，可以直接使用 Axis 或 CXF 这样的 SOAP 客户端，也可以使用自己开发的 SOAP 客户端，然后把它和应用程序连接起来。这样不仅缩短了开发周期，减少了代码复杂度，还能够增强应用程序的可维护性。

从实际经验来看，在一个用户界面和中间层有较多交互的应用程序中，使用 Web 服务结构，可以在用户界面编程上节约 20%左右的开发时间。另外，这样一个由 Web 服务组成的中间层，完全可以在应用程序集成等场合下重用，通过 Web 服务把应用程序的逻辑和数据“暴露”出来，还可以让其他客户重用这些应用程序。

2. 应用程序集成

随着企业信息化规模的扩大，经常需要把不同语言写成的不同平台上运行的各种应用程序集成起来，而这种集成通常需要花费很高的开发成本。应用程序经常需要从运行在 IBM 主机上的程序中获取数据，或者把数据发送到 UNIX 主机的应用程序中去。即使在同一个平台上，不同软件厂商生产的各种软件也常常需要集成。通过 Web 服务，应用程序可以用标准的方法把功能和数据划分出来，供其他应用程序使用。

例如，有个订单系统包括两大部分：订单录入系统和订单执行系统。订单录入系统由.NET 实现，用于接收从客户处发来的新订单，包括客户信息、发货地址、数量、价格和付款方式等内容；订单执行系统由 Java 实现，用于实际货物发送的管理，这两个系统运行在不同的平台，一份新订单到来之后，订单录入系统需要通知订单执行系统发送货物。此时可以通过在订单执行系统上面增加一层 Web 服务，订单执行系统就可以把执行订单的专用函数划分出来，这样每当有新订单到来时，订单录入系统就可以通过 Web 服务调用这个函数来发送货物了。

3. B2B 集成

Web 服务是 B2B 集成的捷径，通过 Web 服务，可以把关键的业务应用划分给指定的供应商和客户。例如，电子订单系统和电子售票系统是常见的 EDI(电子文档交换)应用程序，客户可以在线发送订单，供应商则可以在线发送票务信息。如果通过 Web 服务进行实现，要比 EDI 简单得多，而且 Web 服务运行在 Internet 上，在世界上的任何地方都可以轻易访问，其运行成本相对较低。不过，Web 服务并不像 EDI 那样是文档交换，它只是 B2B 集成的一个高效实现技术，还需要许多其他部分才能实现集成。

使用 Web 服务来实现 B2B 集成的最大优势是可以轻易实现互操作，只要把业务逻辑按照 Web 服务规范划分出来，就可以让客户调用这些业务逻辑，而不必考虑它们的系统所运行的平台和开发语言，这样就大大减少了花费在 B2B 集成上的时间和成本，让许多原本无法承受 EDI 高昂成本的中小企业也能轻易实现 B2B 集成。

4. 软件重用

软件重用是软件工程的核心概念之一，软件重用的形式很多，重用的程度有大有小，最基本的形式是源代码模块或者类一级的重用，另一种形式是二进制组件重用。像表格、控件或用户自定义控件这样的可重用软件组件，在市场上都占有很大的份额，但是这类软件的重用有一个很大的限制，就是仅限于重用代码，不能重用数据。

Web 服务在重用代码的同时，还可以重用代码背后的数据。使用 Web 服务只需要直接调用远端的 Web 服务就可以了。例如，要在应用程序中确认用户输入的身份证号是否有效，只须把这个身份证号码发送给相应的 Web 服务，其根据已存的数据信息验证该号码的有效性，确认该号码所在的省、市、区等信息，Web 服务的提供商可以按时间或使用次数来对这项服务进行收费。而这样的服务要通过组件重用来实现是很困难的，在这种情况下必须下载完整的包含与身份证号相关信息的数据包，并且需要保证对数据包进行实时更新。

另一种软件重用的情况是，把几个应用程序的功能集成起来。例如，需要建立一个局域网上的门户站点应用，让用户既可以查询天气预报，查看股市行情，又可以管理自己的工作日志，还可以在线购买车票。现在 Web 上很多应用程序供应商都在其应用中实现了这些功能，只要把这些功能都通过 Web 服务划分出来，就可以非常容易地把它们都集成到门户站点中，为用户提供一个统一的友好的界面。

5. Web 服务的局限

Web 服务适用于通过 Web 进行互操作或远程调用的情况，对于下述情况，Web 服务的优势将无法体现。

- 单机应用程序。对于桌面应用程序，在很大程度上只需要与本机上的其他程序进行通信，在这种情况下就没有必要使用 Web 服务，只要用本地的 API 即可，如常用的 COM 等。
- 局域网应用程序。对于运行于局域网中的程序，一般是由 VC、WinFrom 或 Java 语言开发而成，其通信往往发生在两个服务器应用程序之间，在这种情况下，使用 DCOM 等技术会比 Web 服务的 SOAP/HTTP 有效得多。

1.2 Web 服务体系架构

Web 服务体系架构是基于面向对象的分析与设计思想的，允许在不同平台上使用不同的编程语言以一种基于标准的技术开发程序，并与其他应用程序通信。从设计到实现部署均采用组件化模式以及分布式计算机制，在这种机制下，所有应用程序都被封装为服务并可以通过网络调用，开发人员通过调用 Web 应用编程接口，将 Web 服务集成进自己的应用程序，就像调用本地服务一样。

1.2.1 Web 服务理论模型

Web 服务体系架构的基本原理是基于 SOA 和 Internet 协议的。它代表基于标准和采用这些标准技术的可集成应用的程序解决方案。这样就可以确保 Web 服务应用程序的实现方案与标准规范兼容，从而可以实现与兼容应用程序之间的交互操作。下面是 Web 服务体系架构的一些关键的设计要求。

- 提供通用界面和一致的解决方案模型，将应用程序定义为模块化组件，以便使其成为可发布的服务。
- 使用基于标准的架构模型和协议来定义框架，以便可以在 Internet 上支持基于服务的应用程序。

- 解决各种服务传送场景，包括基于 B2C、B2B、点对点和基于企业应用程序集成(EAI)的应用程序通信。
- 使分布式应用程序适用于集中式和分散式应用程序环境，从而支持企业内部和企业之间应用程序的无边界通信。
- 可将服务发布到一个或多个公共目录，从而使用户能够使用标准机制找到已发布的服务。
- 利用身份验证、授权和其他安全措施，根据需要激活服务。

为满足这些要求，典型的 Web 服务体系架构基于服务提供者、服务注册中心以及服务请求者 3 种逻辑角色之间的交互，交互涉及发布、查找和绑定操作。这些角色和操作一起作用于 Web 服务构件，即 Web 服务软件模块及其描述。在典型情况下，服务提供者的托管可以通过网络访问的软件模块 Web 服务的描述并把它发布到服务请求者或服务注册中心。服务请求者使用查找操作来从本地或服务注册中心检索服务描述，然后使用服务描述与服务提供者进行绑定并调用 Web 服务。

下面对 Web 服务体系架构中的 3 种逻辑角色进行介绍。

- 服务提供者。发布自己的服务，并且对服务请求进行响应。从企业的角度看，这是服务的所有者；从体系架构的角度看，这是托管访问服务的平台。
- 服务请求者。利用服务注册中心查找所需的服务，然后使用该服务。从企业的角度看，这是要求满足特定功能的商户；从体系架构的角度看，这是寻找并调用服务或启动与服务的交互的应用程序。服务请求者的角色可以由浏览器来担当，由人或无用户界面的程序来控制它。
- 服务注册中心。这是可搜索的服务描述注册中心，服务提供者在此发布他们的服务描述，对其进行分类，并提供搜索服务。在静态绑定开发或动态绑定执行期间，服务请求者查找服务并获得服务的绑定信息。对于静态绑定的服务请求者，服务注册中心是体系架构中的可选角色，因为服务提供者可以直接把描述发送给服务请求者。同样，服务请求者也可以从服务注册中心以外的其他来源获得服务描述，例如本地文件、FTP 站点、Web 站点、广告和服务发现。

Web 服务体系架构中的组件必须具有上述一种或多种角色，这些角色之间必须发生以下 3 个操作：发布服务描述、查询或查找服务描述以及根据描述绑定或调用服务，这些行为可以单次或反复出现。

- 发布操作。服务提供者可以在服务注册中心注册自身的功能作用及访问接口，以使服务请求者可以查找它，发布服务描述的位置可以根据应用程序的要求而变化。
- 查找操作。使服务请求者可以通过服务注册中心查找特定种类的服务。在查找操作中，服务请求者直接检索服务描述或在服务注册中心中查询所要求的服务类型。对于服务请求者，可能会在服务被设计和运行的不同生命周期阶段中使用查找操作：在设计时为了开发程序而检索服务的接口描述；在运行时为了调用 Web

服务而检索服务的绑定和位置描述。

- 绑定操作。使服务请求者能够真正使用服务提供者提供的服务。在绑定操作中，服务请求者使用服务描述中的绑定细节来定位、联系和调用服务，从而在运行时调用或启动与服务的交互。

为支持架构中的 3 种操作，需要对服务进行一定的描述，该服务描述应具有如下特征。

- 首先，服务描述要声明服务提供者提供的 Web 服务的特征。服务注册中心根据某些特征将服务提供者进行分类，以帮助查找具体服务。服务请求者根据特征来匹配那些满足要求的服务提供者。
- 其次，服务描述应该声明接口特征，以便访问特定的服务。
- 最后，服务描述还应声明各种非功能特征，如安全要求、事务要求、使用服务的费用等，接口特征和非功能特征也可以用来帮助服务请求者查找服务。

在 Web 服务中，服务描述和服务实现是分离的，这使得服务提供者提供的一个具体实现无论是处于开发、部署或完成的任一个阶段时，服务请求者可以对该具体实现进行绑定。另外，Web 服务中的组件之间必须能够进行交互，才能进行上述 3 种操作。所以，Web 服务体系架构的另一个基本原则就是使用标准的技术，包括服务描述、通信协议以及数据格式等，这样一来，开发者就可以开发出独立于平台和开发语言的 Web 服务。

1.2.2 Web 服务协议

Web 服务支持一种标准的协议栈模型，以支持发布、发现和绑定的互操作。图 1.1 展示了一个概念性 Web 服务协议栈模型。

服务流程	WSFL	管理 / 服务质量 / 安全
服务发现，集成	UDDI	
服务发布	UDDI	
服务描述	WSDL	
消息传递	SOAP	
传输层	HTTP，FTP，SMTP	
网络层	IPv4，IPv6	

图 1.1 Web 服务协议栈模型

Web 服务的优势之一在于它为专用内部网络和公用 Internet 服务的开发和使用提供了统一的编程模型，网络技术的选择对服务开发者来说是透明的。而网络层的 IPv4 是基于 XML 的消息传递，它表示将 XML 作为消息传递协议的基础。

最简单的协议栈包括网络层的 HTTP，基于 XML 的消息传递层的 SOAP 协议以及服务描述层的 WSDL。所有企业间或公用 Web 服务都应该支持这种可互操作的基础协议栈，特别是企业内部或专用 Web 服务，也应支持其他的网络协议和分布式计算技术。

Web 服务体系架构的基础是 XML 消息传递，XML 消息传递的行业标准是 SOAP。SOAP 是一种简单的、轻量级的基于 XML 的机制，用于在网络应用程序之间进行结构化数据交换，它包括以下 3 个部分：一个定义描述消息内容的框架的信封；一组表示应用程序定义的数据类型实例的编码规则；一个表示远程过程调用和响应的约定。

SOAP 可以和各种网络协议（如 HTTP、SMTP、FTP）结合使用，或者用这些协议重新封装后使用。网络层在基于 SOAP 消息传递的分布式计算中扮演提供者和请求者的角色，它具有构建、解析 SOAP 消息的能力，以及在网络上通信的能力。应用程序与 SOAP 的集成通常通过以下 4 个步骤来实现。

- 服务请求者（应用程序）创建一条 SOAP 消息，然后将此信息和服务提供者的网址一起提供给 SOAP 基础结构，SOAP 基础结构与一个底层网络协议交互，从而在网络上将 SOAP 消息发送出去。
- 网络基础结构再将消息传送到服务提供者（Web 服务服务器）的 SOAP 基础结构，SOAP 基础结构负责将 XML 消息转换为特定的消息对象。
- Web 服务服务器负责处理请求信息并生成一个响应（也是 SOAP 消息），响应的 SOAP 消息被提供给 SOAP 基础结构，其目的地是网络上的服务请求者。
- 响应消息传送到服务请求者的 SOAP 基础结构，并将 XML 消息转换为目标编程语言中的对象，然后响应消息会被提供给应用程序。

上述步骤描述了请求/响应传送的基本原理，这种原理在大多数分布式计算环境中都很常见。该传送过程可以是同步的，也可以是异步的。

1.2.3 Web 服务通信模型

在 Web 服务体系架构中，根据功能要求的不同，可以实现基于消息路由的同步/异步通信模型或基于 RPC 的异步模型。

1. 基于消息路由的通信模型

基于消息路由的通信模型定义松散关联和文档驱动的通信。调用基于消息交换的服务，服务请求方无须等待响应。客户服务请求方调用基于消息路由的 Web 服务，它通常发送一个完整的文档，服务提供方接收并处理该文档，然后返回该文档。根据实现方式的不同，客户可以异步发送文档或接收来自基于消息路由机制的 Web 服务文档，但不能在一个实例中同时执行这两项操作。另外，也可以以同步通信模型实现消息交换，在这种模型下，客户将服务请求发送给服务提供方，然后等待和接收服务提供方发回的文档。

2. 基于 RPC 的通信模型

基于 RPC 的通信模型用于定义基于请求/响应的同步通信。客户发出请求后，在继续任何操作之前都将等待服务器发回响应。请求程序就是一个客户端，而服务提供程序就是一个服务器。首先，调用过程发送一个有进程参数的调用信息到服务进程等待应答信息。在服务器端，进程保持睡眠状态直到调用信息到达为止，当一个调用信息到达，服务器获得进程参数，计算结果，发送答复信息，然后等待下一个调用信息。最后，客户端调用过程接收答复信息，获得进程结果，随后调用执行继续进行。

根据 RPC 约定，SOAP 消息用包括 0 个或多个参数的方法名称表示。每个 SOAP 请求消息都表示对 SOAP 服务器中的一个远程对象的调用，每个方法调用都有 0 个或多个参数。同样，SOAP 响应消息将返回 0 或多个传出参数的返回值，将其作为返回结果。在 SOAP RPC 请求和响应中，方法调用被串行化为 SOAP 编码规则定义的、基于 XML 的数据类型。另外，使用基于 RPC 的通信模型，服务提供方和请求方都可以分别注册和发现服务。

采用何种通信模型（消息路由和 RPC）也取决于 Web 服务架构及其采用的协议。SOAP1.2 版本同时支持这两种通信模型。

1.2.4 实现 Web 服务

1. Web 服务开发生命周期

Web 服务的开发生命周期包括构建、部署以及在运行时对服务注册中心、服务提供者和服务请求者的管理等。一般说来，Web 服务开发生命周期分为以下 4 个阶段。

- 构建。构建阶段包括开发和测试过程，诸如定义服务接口描述，服务实现和定义 Web 服务实现描述等都在此阶段完成。此过程可以通过创建新的 Web 服务，把现有的应用程序封装成 Web 服务以及将其他 Web 服务或应用程序重组成新的 Web 服务来实现。
- 部署。此阶段包括向服务注册中心发布服务接口和服务来实现定义，以及把 Web 服务的可执行文件部署到执行环境中。
- 运行。Web 服务部署完毕后，服务请求者可以通过服务注册中心进行特定 Web 服务的查找，并根据规范实现绑定和调用操作。
- 管理。管理阶段包括持续的管理和经营 Web 服务应用程序。如解决安全性、可用性、性能、服务质量、业务流程等问题。

创建 Web 服务的过程与创建其他类型应用程序的过程别无二致，事实上就是一个“设计与实现、部署与发布、发现与调用”的过程。这个生命周期内的每个阶段都有一些特有的步骤，要想成功完成一个阶段并继续下一阶段，必须执行这些步骤。

2. 实现 Web 服务

Web 服务应用程序的设计和开发过程与分布式应用程序的实现过程没有不同之处。只是在 Web 服务中，所有组件都只有在运行时才使用标准协议来进行动态绑定。

实现 Web 服务的基本步骤如下。

- 服务提供方将 Web 服务创建为基于 SOAP 协议的服务接口，然后将这些服务部署到服务容器中，以便其他用户调用。服务提供方同时对这些 Web 服务创建基于 WSDL 的服务描述，这种描述使用统一的方法来标识服务位置、操作及其通信模式，以定义客户端和服务容器。
- 服务提供方使用服务代理注册基于 WSDL 的服务描述，服务代理方通常是 UDDI 注册表。
- UDDI 注册表将服务描述存储为绑定模板和到服务提供方环境中 WSDL 的 URL。
- 服务请求方通过查询 UDDI 注册表找到所需服务并获取绑定信息和 URL，以确定服务提供方。
- 服务请求方使用绑定信息激活服务提供器，并检索已注册服务的 WSDL 服务描述，通过创建客户代理应用程序，建立与服务器间的通信。
- 最后，服务请求方与服务提供方通信，并通过调用服务容器中的服务进行信息交换。

可以将 Web 服务创建为新应用程序，也可以将现有应用程序更改为 Web 服务。在 Web 服务的实现方案中，可以通过封装底层应用程序的核心业务概念，将现有应用程序发布为服务。这些应用程序可以是以任何编程语言实现的应用程序，也可以使在任何平台上运行的应用程序。

将现有商业应用程序开发为 Web 服务的一般步骤如下。

- 使用 SOAP 将应用程序的商业组件封装为面向服务的接口，然后将其部署在 Web 服务的服务容器中，发布为 Web 服务。基于这些接口，服务容器可以处理所有传入的、基于 SOAP 的消息交换操作，并将其映射为底层商业应用程序的方法和参数。
- 生成基于 WSDL 的服务描述，这些服务描述将驻留在服务容器中。这些基于 WSDL 的服务描述将在 UDDI 注册表中发布为服务模板及其位置 URL。
- 服务请求方通过查询 UDDI 注册表找到所需服务并获取绑定信息和 URL，然后连接服务提供方，以获取 WSDL。
- 要调用服务提供方发布的服务，服务请求方（服务发送环境）需要根据 WSDL 中定义的服务描述，实现基于 SOAP 的客户接口。

上述步骤通常适用于所有级别的 Web 服务开发，而不必考虑目标应用程序的环境（如 J2EE、CORBA、Microsoft.NET）或应用程序本身（如 Java、C++、VB 等）以及原有应用程序和主架构环境。因此，实现 Web 服务实际上是 J2EE、CORBA、.NET 和其他基于 XML 的应用程序与互操作性和数据共享的统一。

3. Web 服务开发平台

Web 服务发展至今，各软件供应商在 Web 服务框架核心、开发和部署 Web 服务的体系架构、平台和软件解决方案等方面提供了完善的成熟产品。下面介绍 3 种常见的产品。

(1) Sun的产品

Sun公司发布了基于Java和XML技术的API及其实现方案JAXPack,用于开发、测试Java和基于开放式标准的Web服务解决方案。另外,Sun公司还发布了一组全面的、专用于Web服务的开发工具包JWSDP(Java Web Services Developer Pack)。

JWSDP提供了库和工具的集合,包含了开发和测试Web服务的必需组件。JWSDP支持行业标准,这就能够确保其与标准组织所发布的技术和规范具有互操作性,例如万维网协会每个库的引用实现。同时JWSDP还提供多种辅助工具,例如WSDLstub编译器,它能够生成一个WSDL文件,用于Web服务和独立的Web服务UDDI2.0注册表。

JWSDP包括下列常用组件。

- JAXP。XML处理的Java API,提供了解析和转换XML文档的标准化接口。
- JAXM。JAXM(Java API for XML Messaging)提供SOAP1.1带附件的SOAP标准接口,以便Java程序员能够方便地发送和接收SOAP消息。JAXM给厂商提供了一种机制,既可以用于支持可靠的消息传输,也可以用于部分填充特定的基于SOAP协议的SOAP消息。
- JAX-RPC。JAX-RPC(Java API for XML-based Remote Procedure Calls,基于XML远程过程调用的Java API)提供了一种机制,使得可以通过基于SOAP的消息跨网络调用对象。JAX-RPC的作用与RMI大致相同,都是通过创建的插件对象调用远程对象,从概念上讲,可以用同样的方法使用这两个系统。JAX-RPC和RMI的不同之处在于两台机器之间所传递的数据格式。RMI使用底层的Java特有的协议,而JAX-RPC使用的则是XML。
- JAXR。JAXR(Java API for XML Registries,XML注册中心的Java API)提供了查询注册中心的抽象接口;有了JAXR,用户可以不必了解UDDI或ebXML RegRep的细节。
- JSSE。JSSE(Java Secure Socket Extension)提供了一种机制,可用于在加密的网络连接上进行通信,并且管理与加密有关的密钥。JSSE提供了免税版的SSL v3(Secure Sockets Layer,安全套接字层)和TLS(Transport Layer Security,传输层安全)。JSSE还提供了附加的URL处理器,以便Java.net.URL类能够理解和处理HTTP URL。
- JSTL。JSP的标准标签库。
- ANT和TOMCAT。ANT是一个开放源代码构建工具。Tomcat是JSP和Servlet标准的引用实现,它同样允许开发基于Servlet的Web服务托管。
- WSDP。WSDP(Web Services Developer Package,Web服务开发人员包)Registry是一个简单的UDDI服务器,可用于开发和测试。

Sun One Application Serve产品套装是Sun公司推出的基于Java/J2EE的用于构建和部署Web服务的解决方案。Sun One套装的体系架构基于SOAP、WSDL和UDDI等开放式标准，提供了一种可供用户和开发人员迁移到下一代 Web 服务的全面的 Web 服务软件环境。

Sun One 的主要优点是不会出现任何客户锁定问题或其他所有权解决方案导致的问题。而它的最大缺点是对 Web 服务的描述和发现的两个标准（WSDL 和 UDDI）的支持尚不完善。

（2）IBM Web 服务

IBM 电子商务是 IBM 公司基于理念性体系架构和开放标准开发的产品，用于提供 Web 服务的开发和部署。IBM 提供的产品基于 Java/J2E、SOAP、WSDL 和 UDDI 等 Web 服务标准，全面反映了 Web 服务技术在动态电子商务中的应用。

IBM WebSphere Application Server 提供用于部署基于 Web 服务的应用程序的基础架构解决方案。IBM 还为开发人员提供 Web 服务工具包（Web Services ToolKit，WSTK），用于创建、发布和测试基于 XML、SOAP、WSDL 和 UDDI 等开放标准的 Web 服务解决方案的运行环境，使用 WSTK 不必对现有应用程序进行重编程即可生成 WSDL 包装器。

（3）Microsoft.NET

Microsoft.NET 提供了用于开发、部署基于标准的 Web 服务和所有类型的应用程序的.NET 平台的框架和编程模型。这一框架定义了 3 个层：Microsoft 操作系统、企业服务器和使用 Visual Studio 的.NET 构件块。基于.NET 的 Web 服务界面使用支持 SOAP、WSDL 和 UDDI 等标准的.NET 构件开发实现。

Microsoft 提出的 Web 服务解决方案及开发工具便于使用，但也有缺点，即无法在 Windows 之外的平台上使用。

1.3 本章小结

- Web 服务是建立于 SOA 基础之上的最新分布式计算技术。
- Web 服务建立在 XML 标准上，可以使用任何编程语言、协议或平台开发。
- 用于构建和使用 Web 服务的主要有四种标准和技术：XML、SOAP、WSDL、UDDI。
- SOAP 是一种基于 XML 的轻量级消息交换协议。
- WSDL 是一种 XML 格式，用于描述网络服务及其访问信息。
- UDDI 提供了在 Web 上描述并发现商业服务的框架。
- Web 服务应用在跨防火墙通信、应用程序集成、B2B 集成和数据重用等场合中会体现其极大的优势。
- 在单机应用程序和局域网应用程序中，Web 服务无法体现其优势。
- Web 服务体系架构基于 3 种逻辑角色：服务提供者、服务注册中心和服务请求者。
- Web 服务体系架构中，角色之间可以单次或反复出现发布、查找、绑定 3 种操作。

- 最简单的协议栈包括网络层的 HTTP，基于 XML 的消息传递层的 SOAP 协议以及服务描述层的 WSDL。
- 在 Web 服务体系架构中，根据功能要求的不同，可以实现基于消息路由的同步、异步通信模型或基于 RPC 的异步模型。
- Web 服务开发的生命周期分为构建、部署、运行、管理 4 个阶段。

第2章 chapter 2

XML 基础

本章学习目标

- 了解 XML 的特点及历史
- 掌握 XML 的文档结构
- 掌握 XML 的基本语法
- 了解 XML 的相关技术
- 熟练使用 XMLSpy 建立 XML 文档

本章首先介绍 XML 的一些基本概念与相关知识，然后简单地讨论 XML 的基本语法，最后介绍如何使用 XMLSpy 建立简单的 XML 文档。

2.1 XML 概述

XML（eXtensible Markup Language，可扩展标记语言）是一种元语言，是 Internet 环境中的一种跨平台的、依赖于内容的技术，是当今处理分布式结构信息的有效工具。

2.1.1 XML 产生背景

早在 Web 未被发明之前，SGML（Standard Generalized Markup Language，标准通用标记语言）就已存在。SGML 是国际上定义电子文件结构和内容描述的标准，它具有非常复杂的文档结构和语法结构，虽然 SGML 的功能很强大，但是它不适用于 Web 数据描述，并且 SGML 十分庞大，既不容易学，又不容易使用，在计算机上实现也十分困难。鉴于这些原因，Web 的发明者——欧洲核子物理研究中心的研究人员根据当时（1989 年）计算机技术的发展水平，提出了 HTML 语言。

HTML 只使用 SGML 中很小的一部分标记，例如 HTML3.2 定义了 70 种标记。为了便于在计算机上实现，HTML 规定的标记是固定的。HTML 这种固定的语法使它易学易用，在计算机上开发 HTML 的浏览器也十分容易。正是由于 HTML 的简单性，使 Web 技术从计算机界走向全社会，走向千家万户，Web 的发展蒸蒸日上。

随着 Web 应用的不断发展，HTML 的局限性也越来越明显地体现出来，例如 HTML 无法描述数据、可读性差、搜索时间长等，于是在 1998 年 2 月 10 日，W3C（World Wide Web Consortium，万维网联盟）公布了 XML1.0 标准，XML 就此诞生。

2.1.2 XML 基本特征

XML 是一个精简的 SGML 子集，它将 SGML 的丰富功能与 HTML 的易用性结合到 Web 的应用中。XML 保留了 SGML 的可扩展功能，这使 XML 从根本上有别于 HTML。XML 要比 HTML 强大得多，它不再是固定的标记，而是允许定义数量不限的标记来描述文档中的资料的一种允许嵌套的信息结构。

XML 具有以下一些特点。

- XML 可以从 HTML 中分离数据，即能在 HTML 文件之外将数据存储在 XML 文档中，这样开发者可以集中精力使用 HTML 做好数据的显示和布局，并确保数据改动时不会导致 HTML 文件也需要改动，从而方便维护页面；也能将数据以“数据岛”的形式存储在 HTML 页面中，这样开发者也可以把精力集中到使用 HTML 格式化和显示数据上去。
- XML 可用于交换数据，由于 XML 可以在不兼容的系统之间交换数据。计算机系统和数据库系统所存储的数据有数种形式，对于开发者来说，最耗时间的工作就是在遍布网络的系统之间交换数据。把数据转换为 XML 格式存储将大大减少交换数据时的复杂性，还可以使这些数据能被不同的程序读取。
- XML 可应用于 B2B 中，例如在网络中交换金融信息。目前 XML 正成为在遍布网络的商业系统之间交换信息所使用的主要语言，许多与 B2B 有关的完全基于 XML 的应用程序正在开发中。
- 利用 XML 可以共享数据。XML 数据以纯文本数据格式存储，这使得 XML 更易读、更便于记录、更便于调试，使不同系统、不同程序之间的数据共享变得更加简单。
- XML 可以充分利用数据。XML 是与软件、硬件和应用程序无关的，数据可以被更多的用户、设备所利用，而不仅仅限于基于 HTML 标准的浏览器。其他客户端和应用程序可以把 XML 文档作为处理数据源，就像操作数据库一样，XML 的数据可以被各种各样的“阅读器”处理。
- XML 可以用于创建新的语言，比如 WML 语言就是由 XML 发展来的。WML（Wireless Markup Language，无线标记语言）是用于标识运行于手持设备上（比如手机）的 Internet 程序的工具，它就采用了 XML 标准。

2.1.3 XML 定义

XML 是元标记语言，即一种可以展现出文档结构和数据处理细节的文字编码，可以在文档中创建、使用新的标记和文法结构。可以从以下几个方面来定义 XML。

- XML 是一种类似于 HTML 的标记语言。

- XML是用来描述数据的。
- XML的标记不是在XML中预定义的，用户可以自己定义标记。
- XML使用文档类型定义(DTD)或者模式(Schema)来描述数据。

一个XML文档也称为一个实例或者称为XML文档实例。例2.1就是一个典型的XML文档实例。

【例2.1】 使用记事本写一个XML文档描述学生信息，并使用IE浏览器查看数据结果。学生基本信息XML文档student.xml代码如下：

```
<?xml version="1.0" encoding="UTF-8"?>
<!--File Name:student.xml -->
<students>
    <student sex="male">
        <name>Tom</name>
        <age>14</age>
        <tel>88889999</tel>
    </student>
    <student sex="female">
        <name>Rose</name>
        <age>16</age>
        <tel>66667777</tel>
    </student>
    <student sex="male">
        <name>Jack</name>
        <age>15</age>
        <tel>44445555</tel>
    </student>
</students>
```

在IE浏览器中打开这个XML文档，显示结果如图2.1所示。

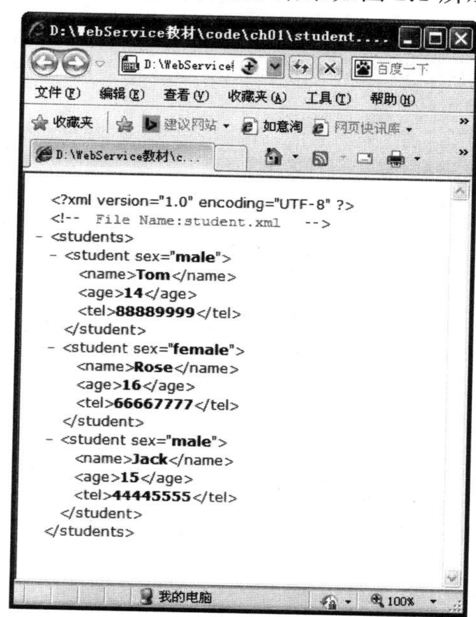

图2.1 用IE浏览器查看XML文档的结果

XML 和 HTML 是两种不同用途的语言，XML 是用来描述数据的，侧重描述什么是数据，如何存放数据；而 HTML 是用来显示数据的，侧重描述如何显示数据。XML 与描述信息相关，而 HTML 则与显示信息相关。例 2.2 演示了 XML 文档与 HTML 的区别。

【例 2.2】 通过演示静夜思.xml 文档和静夜思.html 文档，查看 XML 文档和 HTML 文档的区别，如图 2.2 和图 2.3 所示。

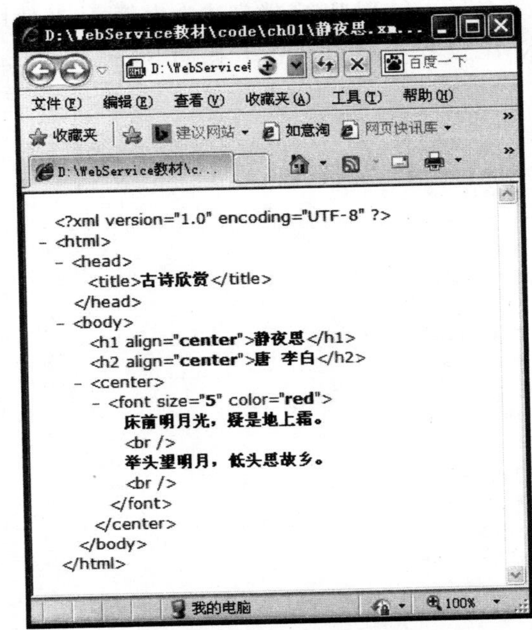

图 2.2 用 IE 浏览器查看静夜思.xml 文档的结果

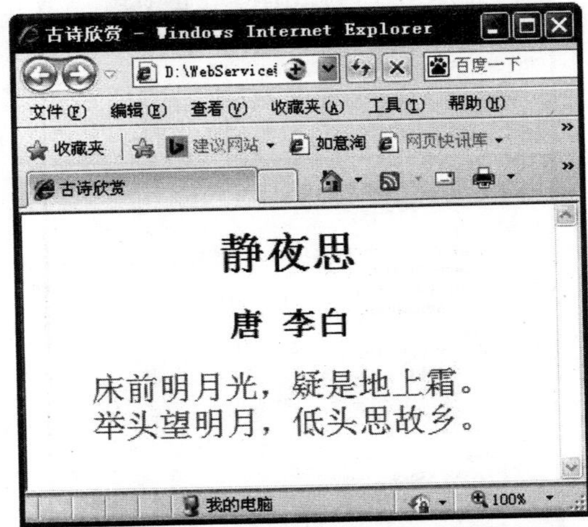

图 2.3 用 IE 浏览器查看静夜思.html 文档的结果

静夜思.html

```
<html>
    <head>
        <title>古诗欣赏</title>
    </head>
    <body>
        <h1 align="center">静夜思</h1>
        <h2 align="center">唐 李白</h2>
        <center>
            <font size="5" color="red">
            床前明月光,疑是地上霜。<br/>
            举头望明月,低头思故乡。<br/>
            </font>
        </center>
    </body>
</html>
```

静夜思.xml

```
<?xml version="1.0" encoding="UTF-8"?>
<html>
    <head>
        <title>古诗欣赏</title>
    </head>
    <body>
        <h1 align="center">静夜思</h1>
        <h2 align="center">唐 李白</h2>
        <center>
            <font size="5" color="red">
            床前明月光,疑是地上霜。<br/>
            举头望明月,低头思故乡。<br/>
            </font>
        </center>
    </body>
</html>
```

XML 与 HTML 在各方面的对比如表 2.1 所示。

表 2.1 XML 和 HTML 对比

对比项	XML	HTML
可扩展性	可扩展,能够定义新的标记元素	不可扩展,标记元素都是固定的
侧重点	侧重于结构化地描述数据	侧重于如何显示数据
语法	语法严格,要求标记嵌套、配对和遵循树形结构	不要求标记的嵌套、配对等,不要求标记之间具有一定的顺序

续表

对比项	XML	HTML
可读性	结构清晰、易于阅读	难于阅读
可维护性	易于维护	难于维护
数据和显示关系	数据描述与显示相分离，具有保值性	数据和显示整合为一体，不具有保值性

2.2 XML语法简介

2.2.1 学生基本信息XML文档

【例2.3】 学生基本信息XML文档实例演示。

```
<?xml version="1.0" encoding="UTF-8"?>
<!--File Name:student.xml -->
<students>
    <student sex="male">
        <name>Tom</name>
        <age>14</age>
        <tel>88889999</tel>
    </student>
    <student sex='female'>
        <name>Rose</name>
        <age>16</age>
        <tel>66667777</tel>
    </student>
    <student sex="male">
        <name>Jack</name>
        <age>15</age>
        <tel>44445555</tel>
    </student>
</students>
```

XML文档一般由两个主要组成部分：序言(prolog)和文档元素(document element，根元素)。

序言出现在XML文档的顶部，其中包含关于该文档的一些信息，如XML声明、注释、处理指令等。

XML文档必须有且只有一个文档元素(或称“根元素”)，其内部包含可能有的其他内容。XML文档中的所有内容都应该出现在根元素中。图2.4显示了XML文档的结构。

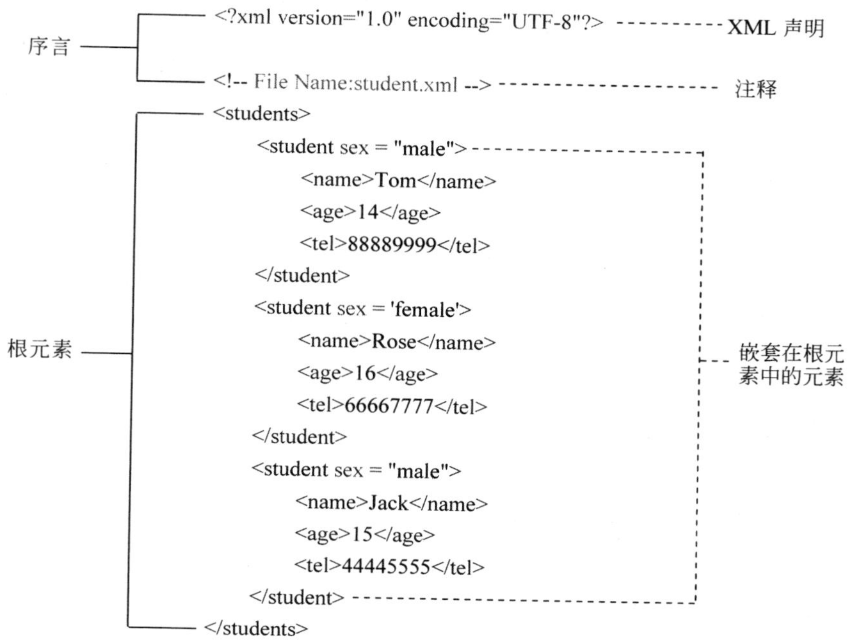

图 2.4　XML 文档结构

2.2.2　XML 基本元素

1. XML 声明

XML 声明通常在 XML 文档的第一行出现。XML 声明不是必选项，但是如果使用声明，必须在文档的第一行，前面不能包含任何其他内容或空白。

XML 声明的基本语法。

```
<?xml version="version_number" encoding="encoding_declaration" standalone=
"standalone_status"?>
```

其中，

- version：该属性是必需的，且必须要小写，用于表明 XML 的版本，解析器对不同的版本的解析会有区别。
- encoding：该属性是可选的，用于表明该文档所使用的字符编码方式；XML 支持多种字符集类型，例如，使用下面的语句指明文档中的字符编码方法为 UTF-8 编码。

```
<?xml version="1.0" encoding="UTF-8"?>
```

- standalone：该属性是可选的，standalone 用于声明 XML 文档是否是独立文档，如果 XML 声明中提供了 standalone 属性，则它的值必须是 yes 或者 no，yes 表示文档可以完全独立存在，不依赖于其他任何文件；no表示该XML文档不是独立的，可以引用外部的DTD规范文档。

XML声明应该遵守以下规则。

- 如果XML声明出现在XML文档中，必须把它放在这个XML文档的第一行；
- 如果XML文档包含XML声明，就必须包含版本号属性；
- 参数名和值区分大小写；
- 放置参数的顺序很重要，正确的顺序是：version、encoding和standalone；
- 可以使用单引号或双引号；
- XML声明没有闭合标签</?xml>。

2. XML元素

元素是XML文档的基本组成部分，元素指出了文档的逻辑结构，并且包含了文档的信息内容。一个典型的XML元素由起始标记、结束标记和元素内容组成，元素的内容可以是字符数据、其他元素、字符引用等。

(1) 起始标记

起始标记是一个被包括在尖括号(< >)里的元素名称。元素名称要符合XML元素的命名规则。

(2) 结束标记

结束标记由一个斜杠(/)和元素名称组成，被包括在一个尖括号中。每一个结束标记都必须与一个起始标记相匹配。

(3) 元素内容

根据元素内容的不同，可以把XML文档中的元素分为四类：空元素、仅含文本的元素、仅含子元素的元素、混合元素。

- 空元素。如果元素中不包含任何文本或子元素，那么它就是一个空元素。对于元素，可以只加入起始标记和结束标记而不在其中添加任何内容，如下述代码所示：

```
<student></student>
```

XML允许空元素<student></student>可以使用缩略形式<student/>表示，是起始标记和结束标记的混合体，既短小精悍，又明确指出该元素既不会有内容，也不允许有内容。

- 仅含文本的元素。有些元素含有文本内容，下述代码中的<name>和<age>都是含有文本的元素。

```
<name>Tom</name>
<age>14</age>
```

- 仅含子元素的元素。一个元素可以包含其他的元素，容器元素称为父元素(parent)，被包含的元素称为子元素(child)。例如student元素就是一个包含子元素的元素。

```
<student>
    <name>Jack</name>
    <age>15</age>
    <tel>44445555</tel>
</student>
```

- 混合元素。混合元素既含有文本又含有子元素。下面的代码片段显示了一个混合元素。

```
<student>
    2016级
    <name>Jack</name>
    <age>15</age>
    <tel>44445555</tel>
</student>
```

3. XML 属性

在 XML 文档中存放数据的另一种方式是在起始标记中添加属性，属性是对标记进一步的描述和说明，一个标记可以有多个属性，属性是由“名称/值”对组成的，它的基本格式为：

```
<元素名称 属性名1="属性值1" 属性名2="属性值2" … 属性名n="属性值n">
```

【例 2.4】 属性的使用。poems.xml 代码如下：

```
<?xml version="1.0" encoding="UTF-8"?>
<poems>
    <poem NO="P001" title="静夜思" author="李白">
        <content>
            床前明月光，疑是地上霜。
            举头望明月，低头思故乡。
        </content>
    </poem>
    <poem NO="P002" title="春晓" author="孟浩然">
        <content>
            春眠不觉晓，处处闻啼鸟。
            夜来风雨声，花落知多少。
        </content>
    </poem>
</poems>
```

XML 属性的使用规则：

- 属性值需要使用单引号或双引号括起来，多个属性之间使用“空格”分割；
- 同一个属性名称在同一个元素标记中只能出现一次；
- 属性值不能包括“<”“>”“&”等 XML 的保留字。

4. XML 特殊字符

在 XML 中，对于 XML 语言定义的某些特殊字符（如“<”“>”“&”）需要保留定义，同时也包括一些不在键盘上的字符或是图形字符等无法直接输入的字符(比如版权符号“©”)。XML提供了以下几种处理方法：字符引用、实体引用、CDATA节。

(1) 字符引用

以“&#”为开始并以“;”为结束的引用都是字符引用，中间的数字是字符的Unicode编码，如果编写成十六进制的形式，应该使用一个“x”作为前缀。比如，可以将版权符号“©”编码成“©”，也可以表示为“©”。

【例2.5】 字符引用的使用。chars.xml代码如下：

```
<?xml version="1.0" encoding="UTF-8"?>
<chars>
    <ch>&#169;</ch>
    <ch>&#xA9;</ch>
    <ch>&#174;</ch>
    <ch>&#xae;</ch>
</chars>
```

通过IE浏览器查看结果如图2.5所示。

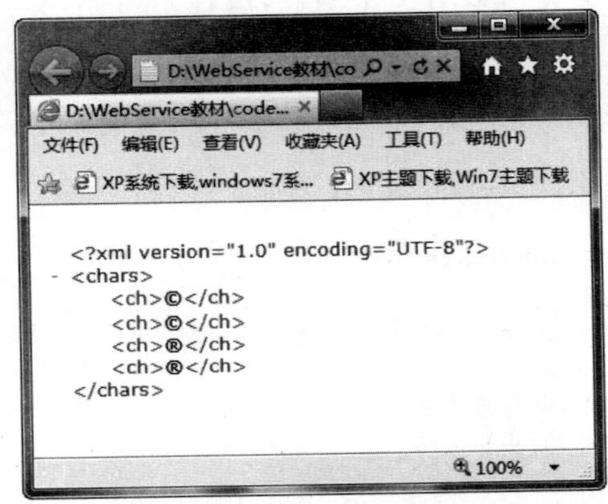

图2.5 字符引用实例演示结果

(2) 实体引用

XML提供了一些预定义实体，使用者可以在XML文档中利用这些实体表示特定的字符，并保证不产生冲突，如表2.2所示。因此可以在XML文档中使用实体表示一些特殊的字符，以免它们在解析时与文档的标记混淆。

表2.2 XML的预定义实体

实　体	用　　途
<	通常用来替换字符小于号(<)
>	通常用来替换字符大于号(>)
&	通常用来替换字符(&)
"	通常用来替换字符串中的双引号(")
'	通常用来替换字符串中的单引号(')

【例 2.6】 实体引用的使用。entity.xml 代码如下：

```
<?xml version="1.0" encoding="UTF-8"?>
<files>
    <file>
        <name>special.txt</name>
        <content>some special charactor &quot; &apos; &lt; &gt; &amp;</content>
    </file>
</files>
```

通过 IE 浏览器查看结果如图 2.6 所示。

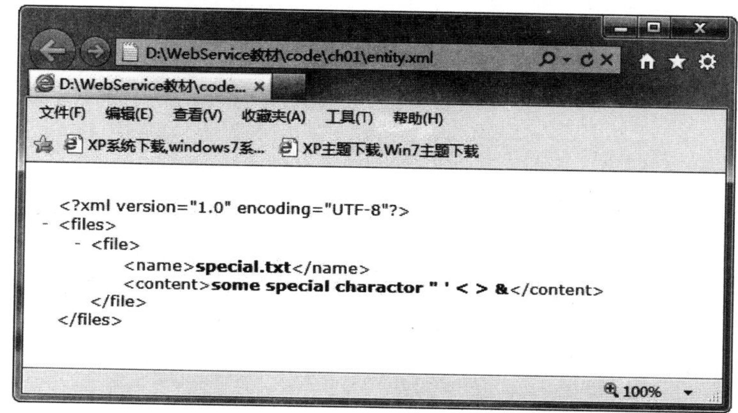

图 2.6 实体引用实例演示结果

(3) CDATA 节

CDATA 节的作用是通知 XML 解析器，CDATA 节中的代码包括文字和标记都要当成纯文本来解析；CDATA 节中的所有字符都会被当作元素字符数据的常量部分，而不是 XML 标记。

CDATA 节以"<![CDATA["开始，并以"]]>"结束。在这两个限定符之间，可以输入除了"]]>"之外（因为它会被解释为 CDATA 节的结束）的任意字符。CDATA 节中的语法格式如下：

```
<![CDATA[CDATA 节内容]]>
```

【例 2.7】 CDATA 节的使用。cdata.xml 代码如下：

```
<?xml version="1.0" encoding="UTF-8"?>
<files>
    <file>
        <name>special.txt</name>
        <!--使用 CDATA 节可以输入除]]外的任何字符-->
        <content><![CDATA[some special charactor " '<>&]]></content>
    </file>
```

```
    <file>
        <name>special.txt</name>
        <!--不使用 CDATA 节,需要使用字符引用或实体引用来输入特殊字符-->
        <content>some special charactor &quot; &apos; &lt; &gt; &amp;
        </content>
    </file>
</files>
```

通过 IE 浏览器查看结果如图 2.7 所示。

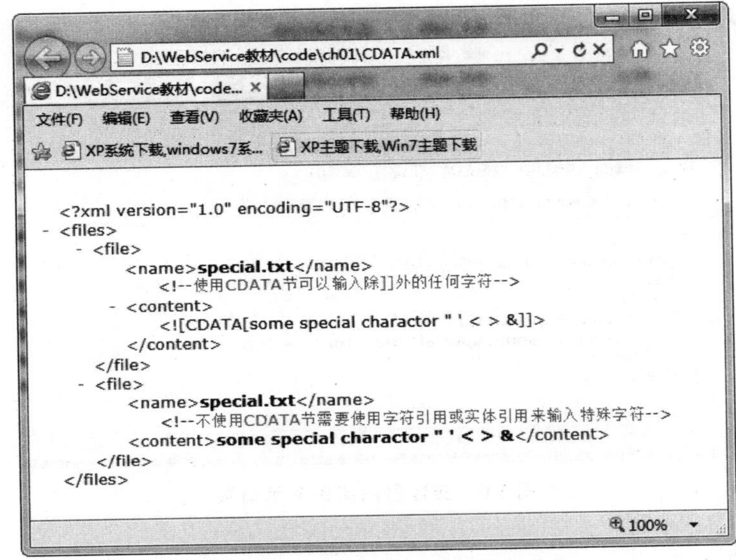

图 2.7 CDATA 节实例演示结果

5. XML 注释

在 XML 文档中,注释以“<!--”开始,以“ -->”结束。除了在 XML 声明之前,注释可以出现在 XML 文档的其他任何位置。在进行 XML 解析时,注释内的任何标记都被忽略。

在添加注释时需要遵循以下规则:

- 注释里不能包含文本“--”;
- 注释不能包含在标记内部;
- 元素中的开始标签或结束标签不能被单独注释掉。

2.2.3 XML 文档规则

XML 的语法虽然简单,但要遵循“良好格式”的规则才能编写合法的 XML 应用。一个格式良好的 XML 文档应遵循以下规则。

(1) 必须有声明语句

XML 声明是 XML 文档的第一句，其格式如下：

```
<?xml version="1.0" encoding="UTF-8"?>
```

XML 声明的作用是告诉浏览器或者其他处理程序，这个文档是 XML 文档。

(2) 注意大小写

XML 是大小写敏感的，例如"<student>"与"<Student>"是两个不同的标记，注意在 XML 中相配对的标记大小写必须相同。

(3) XML 文档有且只有一个根元素

格式良好的 XML 文档必须有一个根元素，并且根元素必须唯一。XML 文档的根元素文档中其他所有的元素，被称为文档元素。

(4) 属性值使用引号

在 HTML 代码里面，属性值可以不加引号。例如："<font color = red> word </font>"和"<font color="red"> word </font>"都可以被浏览器正确理解。但是 XML 中规定所有属性值必须加引号(可以是单引号，也可以说双引号，建议使用双引号)，否则将被视为错误。

(5) 所有的标记必须有相应的结束标记

在 XML 中，所有标记必须成对出现，有一个起始标记，就必须有一个结束标记，否则将被视为错误。空标记可以写成"<标记名/>"的简化形式。

(6) 标记必须正确嵌套

XML 对元素有一个非常重要的要求——它们必须正确嵌套。即如果一个元素在另一个元素的内部开始，那么也必须在该元素的内部结束。

(7) 特殊字符的处理

在 XML 文档中，如果要用到特殊字符，可以使用字符引用、实体引用和 CDATA 节等方式进行特殊处理。

2.3 XML 命名空间

XML 作为一种允许用户定义标记的标记语言，很有可能会出现名称冲突的情况，命名空间是一种避免名称冲突的方法。XML 命名空间是由国际化资源标识符(IRI)标识的 XML 元素和属性集合；该集合通常称作 XML"词汇"。

2.3.1 为什么使用命名空间

一个 XML 文档可能包括来自多个 XML 词汇表的元素或属性，如果每一个词汇表指派一个命名空间，那么相同名字的元素或属性之间的名称冲突就可以解决。定义 XML 命名空间的主要目的是在使用和重用多个词汇时避免名称冲突。

例如下面的两个 XML 片段，左边的 XML 文档中<table>元素携带着某个表格中的信息，右边的XML文档中的<table>元素携带有关桌子的信息（一件家具）：

```
<table>
    <tr>
        <td>apple</td>
        <td>banana</td>
    </tr>
</table>
```

```
<table>
    <name>coffee table</name>
    <width>80</width>
    <length>120</length>
</table>
```

假如这两个XML文档被一起使用，由于两个文档都包含带有不同内容和定义的<table>元素，就会发生命名冲突，XML解析器无法确定如何处理这类冲突。此时可以引入命名空间以解决命名冲突的问题，将上述两个XML代码片段做如下修改：

```
<h:table >
    <h:tr>
        <h:td>apple</h:td>
        <h:td>banana</h:td>
    </h:tr>
</h:table>
```

```
<f:table >
    <f:name>coffee table</f:name>
    <f:width>80</f:width>
    <f:length>120</f:length>
</f:table>
```

现在，命名冲突就不存在了，这是由于两个文档都使用了不同的名称来命名它们的<table>元素（<h:table>和<f:table>）。通过使用前缀，我们创建了两种不同类型的<table>元素。

2.3.2 如何创建命名空间

命名空间是防止具有相同名字元素间的冲突的一种方法，在XML文档中，命名空间是被URI分配或识别的一个虚拟空间。

命名空间被声明为元素的属性，并不一定只在根元素中声明命名空间，而是可以在XML文档中的任何元素中进行声明。声明的命名空间的范围起始于声明该命名空间的元素，并应用于该元素的所有内容，直到被具有相同前缀名称的其他命名空间声明覆盖为止。

命名空间声明的语法格式如下：

```
xmlns:[namespace-prefix]="namespaceURI"
```

其中，

- xmlns是专门用来声明命名空间的保留字；
- namespace-prefix为定义的命名空间的前缀，是可选的；
- namespaceURI是为当前命名空间选择的网址。

示例：

```
xmlns:h=http://www.mxxxb.com/html
```

以上示例中前缀"h"与命名空间"http://www.mxxxb.com/html"绑定在一起。前缀只是起名称空间的代理作用，而名称空间的名称是URI。在比较两个元素时，解析器根据 URI 来识别它们的命名空间，而不是根据前缀识别。为命名空间定义前缀，而不直接使用命名空间的 URI，是因为 URI 为了具有唯一性，通常会很长，直接使用 URI 不但会造成书写和阅读的不便，还会扰乱 XML 的语法。

下面的例子可以与不同的命名空间关联到一起：

```
<h:table xmlns:h="http://www.mxxxb.com/html">
    <h:tr>
        <h:td>apple</h:td>
        <h:td>banana</h:td>
    </h:tr>
</h:table>
<f:table xmlns:f="http://www.mxxxb.com/furniture">
    <f:name>coffee table</f:name>
    <f:width>80</f:width>
    <f:length>120</f:length>
</f:table>
```

注意：用于标示命名空间地址的 URI 不会被解析器用于查找信息。其唯一的作用是赋予命名空间一个唯一的名称。例如，地址为 http://www.mxxxb.com/html 的文档并不包含任何代码，它仅仅为阅读者描述了 XML 命名空间。之所以采用 URI（如"http://www.mxxxb.com/html"）来标识命名空间，是因为与使用简单的字符串（如 xhtml）相比，URI 大大降低了命名空间重名的可能性。

根据是否指定 namespace-prefix 可将命名空间分为两种：默认的和明确的。

（1）默认声明

默认命名空间不需要指定前缀。使用默认声明命名空间的所有元素和属性不需要任何前缀，代码示例如下：

```
<table xmlns="http://www.mxxxb.com/html">
    <tr>
        <td>苹果</td>
        <td>葡萄</td>
    </tr>
</table>
```

注意：一个 XML 文档中只能有一个默认命名空间。

（2）明确声明

明确命名空间，xmlns 关键字与一个命名空间 URI 的前缀（prefix）相关联，代码示例如下：

```
<html:table xmlns:html="http://www.mxxxb.com/html">
    <html:tr>
        <html:td>苹果</html:td>
        <html:td>葡萄</html:td>
```

```
    </html:tr>
</html:table>
```

当在一个元素的开始标记处使用命名空间时，该元素所有的子元素都将通过一个前缀与同一个命名空间相关联。

【例 2.8】 演示使用命名空间解决 XML 命名冲突的问题。namespace.xml 代码如下：

```
<?xml version="1.0" encoding="UTF-8"?>
<tables xmlns:html="http://www.mxxxb.com/html"
        xmlns:furniture="http://www.mxxxb.com/furniture">
    <!--开始 html 命名空间-->
    <html:table>
        <html:tr>
            <html:td>apple</html:td>
            <html:td>banana</html:td>
        </html:tr>
    </html:table>
    <!--离开 html 命名空间-->
    <!--开始 furniture 命名空间-->
    <furniture:table>
        <furniture:name>coffee table</furniture:name>
        <furniture:width>80</furniture:width>
        <furniture:length>120</furniture:length>
    </furniture:table>
    <!--离开 furniture 命名空间-->
</tables>
```

2.4 开发工具与 XML 实例

2.4.1 XML 开发工具

XML 是一种基于文本格式的语言，可以使用记事本和写字板等文本编辑器创建，也可以使用创建简单文本文件的处理程序进行创建。开发 XML 时可以使用多种不同的开发工具，读者可以从以下工具中进行选择。

1. XMLSpy

XMLSpy 是一款专用的商业开发 XML 的工具，具有编辑、校验、预览等多种功能，支持多字符集，支持格式良好的和有效的 XML 文档，同时提供了功能强大的样式表设计。

2. XMLwriter

XMLwriter 是一款老牌的开发工具，是由 Wattle SoftWare 公司开发的 XML 编辑软件。该软件可以对 XML 文档进行编辑，将不同的元素用不同的颜色区分开来，同时还可以利用外挂式浏览器进行预览，但它不支持所见即所得，其页面的浏览只能用专用的浏览器。

3. Microsoft XML Notepad

Microsoft XML Notepad 是一款 Microsoft 公司专门为设计 XML 文档而提供的编辑软件，可以借助它验证 XML 文档的有效性。

4. XmlPad

XmlPad 也是一款非常优秀的 XML 开发工具，它具有以下特点：

- 它是一款免费的软件；
- 界面简洁大方；
- 功能强大；
- 操作方便。

2.4.2 XMLSpy 概述

XMLSpy 是 Icon Information-Systems 公司的产品，显示界面如图 2.8 所示。XMLSpy 支持多字符集，支持格式良好的和有效的 XML 文档检验，并且可以编辑 XML 文档、DTD、Schema 以及 XSTL 等。其最大的特点是提供了 4 种视图：XML 结构视图、增强表格视图(Grid 视图)、源代码视图以及支持 CSS 和 XSL 的预览视图。

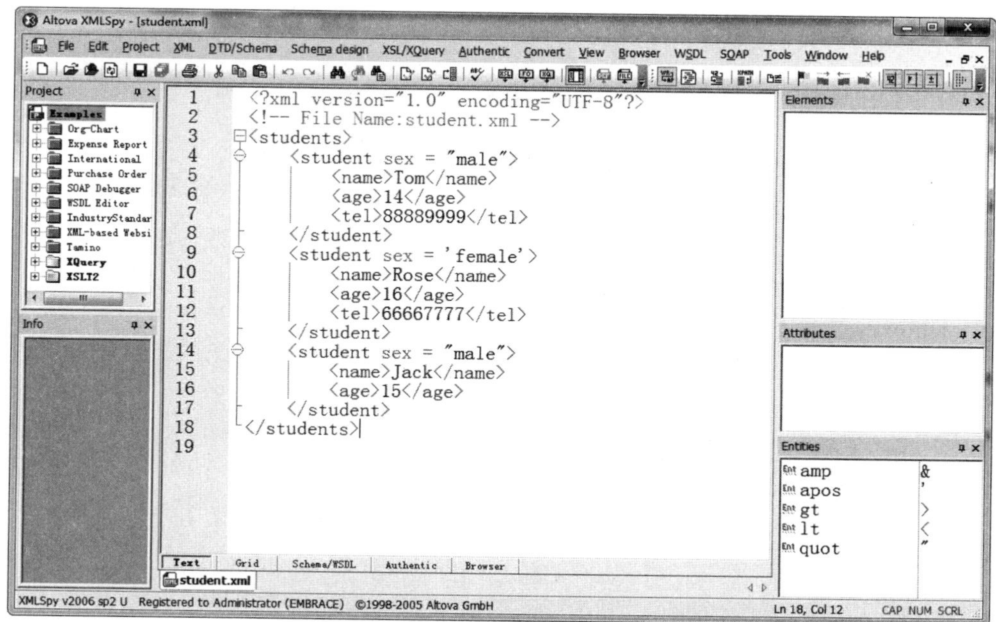

图 2.8 XMLSpy 界面

现在，提供 XMLSpy 开发环境下载的网站很多，例如可以到 altova 的官方网站(http://www.altova.com)获取最新版本。

2.5 本章小结

- XML 是一种类似于 HTML 的标记语言，是一种元标记语言。
- XML 是用来描述数据的，不是 HTML 的替代品。
- XML 的标记不是在 XML 中预定义的，用户可以自定义标记。
- XML 有两个先驱：SGML 和 HTML，XML 正是为了解决它们的不足而诞生的，XML 是一个精简的 SGML 子集。
- XML 文档有两个主要组成部分：序言和根元素。
- XML 文档内容的主体部分一般由根元素、子元素、属性、注释和内容组成。
- 元素是 XML 文档的基本组成部分。它们可以包含其他的元素、字符数据、字符引用、实体引用、PI、注释或 CDATA 部分。
- 字符引用和实体引用是 XML 处理特殊字符的两种方式。
- 引入 CDATA 字节可以描述除了“]]>”之外的任意字符串。
- 处理指令可以把某些信息以文档的形式传递给应用程序。
- XML 必须是格式良好的，才能够被解析器正确地解析。
- 一个有效的 XML 文档应该既是格式良好的，同时还必须符合 DTD 或 XML Schema 所定义的规则。

第3章 chapter 3

XML Schema

本章学习目标

- 了解 XML Schema 的概念和定义内容
- 掌握 XML Schema 的文档结构
- 掌握 XML Schema 的数据类型
- 掌握 XML Schema 的元素定义
- 掌握 XML Schema 的属性定义
- 熟悉 XML Schema 模式重用的方式

本章首先介绍 XML Schema 的概念及定义内容，然后详细介绍 XML Schema 的文档结构及使用方法，最后介绍实现 XML Schema 模式重用的两种方式。

3.1 XML Schema 概述

XML Schema 是 2001 年 5 月正式发布的 W3C 推荐标准，现在已成为全球公认的 XML 环境下首选的数据建模工具。XML Schema 是 Microsoft 公司开发的一种定义 XML 文档的模式，称为 XML 模式定义语言——XML Schema Definition，简称 XSD。使用 XSD，我们不仅可以描述 XML 文档的结构以便颁布业务标准还可以使用支持 XSD 的通用化 XML 解析器对 XML 文档进行解析，并自动地检查其是否满足给定的业务标准。

XML Schema 的优势如下。

(1) XML Schema 基于 XML 语法。XML Schema 没有专门的语法，它是基于 XML 语法进行编写的。使用 XML 编写 XML Schema 有很多优势，如下所示：

- 不必再重新学习新的语言；
- 可以使用 XML 编辑器来编辑 XML Schema；
- 可以使用 XML 解析器来解析 XML Schema；
- 可以使用 XML DOM 来处理 XML Schema；

- 可以通过 XSLT 来转换 XML Schema。

(2) XML Schema 支持数据类型。XML Schema 最重要的功能之一就是对数据类型的支持,例如 int、float、boolean 等,通过对数据类型的支持带来如下优势:

- 可以更容易地描述允许的文档内容;
- 可以更容易地验证数据的正确性;
- 可以更容易地与来自数据库中的数据一并工作;
- 可以更容易地定义数据约束;
- 可以更容易地定义数据模型;
- 可以更容易地在不同的数据类型间转换数据。

(3) XML Schema 可以保护数据通信。当发送方将数据发送到接收方时,双方都应该有关于内容的相同的"期望值",通过 XML Schema,发送方可以用一种接收方能够明白的方式来描述数据。例如"02-04-2018",在某些国家被解释为 2018 年 4 月 2 日,而在另一些国家则被当作 2018 年 2 月 4 日。但是对于一个带有数据类型的 XML 元素,例如 <xs:element name="date" type="xs:date"/>,<date>2018-02-04</date>,可以确保对内容一致的理解,这是因为 XML 的数据类型 date 要求的是"YYYY-MM-DD"格式。

(4) XML Schema 是可扩展的。由于 XML Schema 是由 XML 编写的,因此 XML Schema 是可扩展的。通过可扩展的 XML Schema 定义,开发者可以在其他 XML Schema 文档中重复使用自己的 XML Schema,创建由标准数据类型派生出来的自己的数据类型,在相同的文档中引用多重的 XML Schema 文档。

(5) XML Schema 支持综合命名空间。

(6) XML Schema 支持属性组。

3.2 XML Schema 语法简介

3.2.1 XML Schema 文档结构

XML Schema 本身是一个 XML 文档,它符合 XML 语法结构,可以使用通用的 XML 解析器进行解析。一个 XML 文档引用一个 XML Schema 文档,该 XML Schema 文档定义了一个模式,遵循某个特定 XML Schema 模式的 XML 文档称为 XML Schema 的一个实例文档。

【例 3.1】 创建一个 XML Schema 文档,然后创建一个该文档的实例文档。

(1) 首先创建一个 XML Schema 文档,并且命名为 student.xsd,代码内容如下:

```
<?xml version="1.0" encoding="UTF-8"?>
<xs:schema xmlns:xs="http://www.w3.org/2001/XMLSchema"
targetNamespace="http://www.mxxxb.com" xmlns="http://www.mxxxb.com"
elementFormDefault="qualified">
    <xs:element name="student">
```

```
        <xs:complexType>
            <xs:sequence>
                <xs:element name="name" type="xs:string"></xs:element>
                <xs:element name="age" type="xs:int"></xs:element>
                <xs:element name="birthday" type="xs:date"></xs:element>
                <xs:element name="score" type="xs:double"></xs:element>
            </xs:sequence>
        </xs:complexType>
    </xs:element>
</xs:schema>
```

通过上述实例可以看出 XML Schema 自身就是一个 XML 文档。XML Schema 是用一套预先规定的 XML 元素和属性创建的，这些元素和属性定义了文档的结构和内容模式。<schema>元素是每一个 XML Schema 的根元素，其一般形式如下：

```
<?xml version="1.0" encoding="UTF-8"?>
<xs:schema xmlns:xs="http://www.wxxx3.org/2001/XMLSchema"
targetNamespace="http://www.mxxxb.com" xmlns="http://www.mxxxb.com
elementFormDefault"="qualified">
    <!--schema 文档中其他子元素的定义-->
</xs:schema>
```

其中，

- xmlns:xs="http://www.wxxx3.org/2001/XMLSchema"指出 schema 中用到的来自命名空间 "http://www.wxxx3.org/2001/XMLSchema" 的元素和数据类型应该使用前缀 xs；
- targetNamespace="http://www.mxxxb.com"指出本文档定义的元素、属性、类型等名称属于"http://www.mxxxb.com"命名空间；
- xmlns="http://www.mxxxb.com"指出默认的命名空间是"http://www.myweb.com"；
- elementFormDefault="qualified"指出任何 XML 实例文档所使用的且在此 schema 中声明过的元素必须被命名空间限定。

(2) 创建 XML Schema 的一个实例文档，名称为 student.xml，在这个文档中引用 XML Schema 文档，代码内容如下所示：

```
<?xml version="1.0" encoding="UTF-8"?>
<student xmlns="http://www.mxxxb.com"
xmlns:xsi="http://www.wxxx3.org/2001/XMLSchema-instance"
xsi:schemaLocation="http://www.mxxxb.com student.xsd">
    <name>tom</name>
    <age>20</age>
    <birthday>1999-03-25</birthday>
    <score>87.8</score>
```

```
</student>
```

要验证 XML 文档,必须指定 Schema 文档的位置。Schema 文档的位置可以利用带有名称空间模式的 xsi:schemaLocation 属性以及不带名称空间模式的 xsi:noNamespaceSchemaLocation 属性来指定。

当 Schema 文档包括 targetNamespace 属性时,应当通过 XML 文档根元素的 xsi:schemaLocation 属性来引用 Schema 文档,这个属性值包括由空格分开的两部分,前一部分是 URI,这个 URI 与 Schema 文档的 targetNamespace 属性的 URI 是一致的;后一部分是 Schema 文档的完整路径及名称。另外,XML 文档的根元素也必须声明 Schema 文档的名称空间(xmlns:xs="http://www.wxxx3.org/2001/XMLSchema)来引用 XML Schema 文档,文档代码如上例所示。

当 Schema 文档不包括 targetNamespace 属性时,应当通过 XML 文档根元素的 xsi:noNamespaceSchemaLocation 属性及 W3C 的 Schema 文档的名称空间(xmlns:xs="http://www.wxxx3.org/2001/XMLSchema)来引用 XML Schema 文档,针对上面的实例代码修改如下:

```
<?xml version="1.0" encoding="UTF-8"?>
<student xmlns:xsi="http://www.wxxx3.org/2001/XMLSchema-instance"
xsi:noNamespaceSchemaLocation="student.xsd">
    <name>Tom</name>
    <sex>male</sex>
    <age>19</age>
    <phoneno>88889999</phoneno>
</student>
```

3.2.2 XML Schema 元素的声明

1. <schema>根元素

XML Schema 文档必须要定义一个且只能定义一个<schema>根元素。<schema>根元素不但表明了文档类型,而且还包括了模式的约束、XML 模式名称空间的定义、其他名称空间的定义等一些其他属性信息。其定义格式如下:

```
<xs:schema xmlns:xs="http://www.wxxx3.org/2001/XMLSchema"
           targetNamespace="URI"
           elementFormDefault="qualified|unqualified"
           attributeFormDefault="qualified|unqualified">
```

2. <element>元素

在 W3C XML Schema 中,元素通过使用<element>元素实现。元素声明用于给元素指定元素名称、元素内容和元素数据类型等属性。元素声明的基本语法如下所示:

```
<xs:element name="元素名称"
            type="数据类型"
            default="缺省值"
            ref="EName"
            minOccurs="nonNegativeInteger"
            maxOccurs="nonNegativeInteger|unbounded"/>
```

其中，

- name 指定要声明的元素的名称；
- type 指定该元素的数据类型；
- default 指定该元素的缺省值，此项可选；
- ref 指定使用引用的元素的名称，此项可选；
- minOccurs 指定该元素在 XML 文档中可以出现的最小次数，默认为 1，它的值是一个大于或等于 0 的整数，此项可选；
- maxOccurs 指定该元素在 XML 文档中可以出现的最大次数，默认为 1，它的值是一个大于或等于 0 的整数，可以将属性的值设置为 unbounded，表示对该元素出现的最多次数没有限制，此项可选。

3.2.3 XML Schema 数据类型

XML Schema 中的数据类型分为简单类型、复合类型和匿名类型。简单类型的元素是只能包含文本，但不能包含子元素或属性的元素；复合类型的元素是可以含有子元素或属性的元素；匿名类型在定义元素时，不必写 type 属性，即可以通过元素中是否包含 type 属性判断是否为匿名元素。

1. 简单类型

XML Schema 规范中定义了两类简单类型：内置类型和用户定义类型。

(1) 内置数据类型

XML Schema 中的内置数据类型，包括原始数据类型和派生数据类型，这些类型是在 XML Schema 中使用的每种数据类型的最基本构成块，可以用它们来描述元素的内容和属性值，也可以根据这些类型构造自定义类型。XML Schema 支持的常用内置数据类型如表 3.1 所示。

表 3.1 内置数据类型

数据类型	描述	示例
string	XML 中任何合法的字符串	John Smith
boolean	逻辑判断，true 和 false	true、false
number	表示任意精度的十进制数，可使用缩写	－1.52，45，1.2E2
float	单精度浮点数	123.456

续表

数据类型	描　述	示　例
double	双精度浮点数	123.456
decimal	表示任意精度的十进制数	123456
long	表示－263～＋263－1的整数值	123456
int	表示－231～＋231－1的整数值	123456
nonNegativeInteger	表示大于或等于0的整数	123
positiveInteger	表示一个大于0的整数	123
dateTime	表示格式为YYYY-MM-DDThh:mm:ss的日期时间	2017-09-03T16:21:45
time	表示hh:mm:ss格式的时间	16:21:45
date	表示YYYY-MM-DD格式的日期	2017-09-03

(2) 用户定义类型

除了上述内置数据类型之外，还有一类简单数据类型是用户自定义类型。这种数据类型是编写模式文档的用户对内置类型或其他用户自定义类型加以限制或扩展而生成的。用户自定义类型使用＜xs:simpleType＞元素定义，其语法如下所示：

```
<xs:simpleType name="自定义数据类型的名称">
    <xs:restriction base="所基于的内置数据类型的名称">
        自定义数据类型的内容模式
    </xs:restriction>
</xs:simpleType>
```

其中restriction用于为XML元素或属性定义可接受的值，其可以使用的子元素及其含义如表3.2所示。

表3.2　restriction元素的常用子元素

元素名称	描　述
enumeration	在指定的数据集中选择，限定用户的选值
fractionDigits	限定最大的小数位，用于控制精度
length	指定数据的长度
maxExclusive	指定数据的最大值(小于)
maxInclusive	指定数据的最大值(小于或等于)
maxLength	指定长度的最大值
minExclusive	指定数据的最小值(大于)
minInclusive	指定数据的最小值(大于或等于)
minLength	指定长度的最小值
pattern	指定限定数据的正则表达式

例如，记录电话号码的标签格式为：<phoneno>0536-7778888</phoneno>，此标签中的内容要求只能容纳12个字符长度的字符串值，并且匹配模式dddd-ddddddd(d表示0～9的数字)，针对phoneno元素的自定义数据类型如下：

```
<xs:simpleType name="phoneno">
    <xs:restriction base="xs:string">
        <xs:length value="12"/>
        <xs:pattern value="\d{4}-\d{7}"/>
    </xs:restriction>
</xs:simpleType>
```

正则表达式\d{4}-\d{7}的语义为：4个数字后面是一个连字符，接着是7个数字。

注意：正则表达式的详细介绍超出了本书的范围，感兴趣的读者可以参阅相关的图书或资料。

下述代码片段将名为age的数据类型的值设定在16～30：

```
<xs:simpleType name="age">
        <xs:restriction base="xs:positiveInteger">
            <xs:minInclusive value="16"/>
            <xs:maxInclusive value="30"/>
        </xs:restriction>
</xs:simpleType>
```

下述代码片段将名为sex的数据类型的值设定为只能是male或female：

```
<xs:simpleType name="sex">
    <xs:restriction base="xs:string">
        <xs:enumeration value="male"/>
        <xs:enumeration value="female"/>
    </xs:restriction>
</xs:simpleType>
```

2. 复合类型

复合类型的元素是可以含有子元素或属性的元素。为了声明复合元素，应当首先定义一个复合数据类型，然后通过使该类型与元素相关联来声明复合元素。复合数据类型的声明语法如下所示：

```
<xs:complexType name="数据类型的名称">
    <!--内容模型定义(包括子元素和属性的声明)-->
</xs:complexType>
```

在XML模式中，可以将相关的元素结合为组。Schema提供了能够用来组合用户定义的元素，常用的元素有以下几个。

(1) <sequence>元素

<sequence>元素要求组中的元素必须按照模式中指定的顺序显示。其语法格式如

下所示：

```
<xs:sequence id="ID"
             minOccurs="nonNegativeInteger"
             maxOccurs="nonNegativeInteger|unbounded">
   <!--要组合的子元素的声明-->
</xs:sequence>
```

其中，

- id规定该元素的唯一的ID，该项可选；
- minOccurs规定元素在父元素中可以出现的最小次数，该值可以是大于或等于0的整数，若设置为0则表示该组是可选的，缺省值为1，该项可选。
- maxOccurs规定元素在父元素中可以出现的最大次数，该值可以是大于或等于0的整数，若设置为unbounded则表示不限制最大次数，缺省值为1；该项可选。

例如：

```
<xs:element name="company" type="comType"/>
<xs:complexType name="comType">
    <xs:sequence minOccurs="0" maxOccurs="unbounded">
        <xs:element name="employee" type="xs:string"/>
        <xs:element name="manager" type="xs:string"/>
    </xs:sequence>
</xs:complexType>
```

根据上述代码的定义，XML文档中的<company>元素可以包含0个或多个<employee>元素和<manager>元素，并且要按照先<employee>后<manager>的顺序出现。如果元素的顺序不符合它们在sequence声明中的顺序时，验证器会进行报错。

需要注意的是上述代码中的minOccurs和maxOccurs限定的是复合类型整体出现的次数，也就是如图3.1所示的XML文档是有效的。

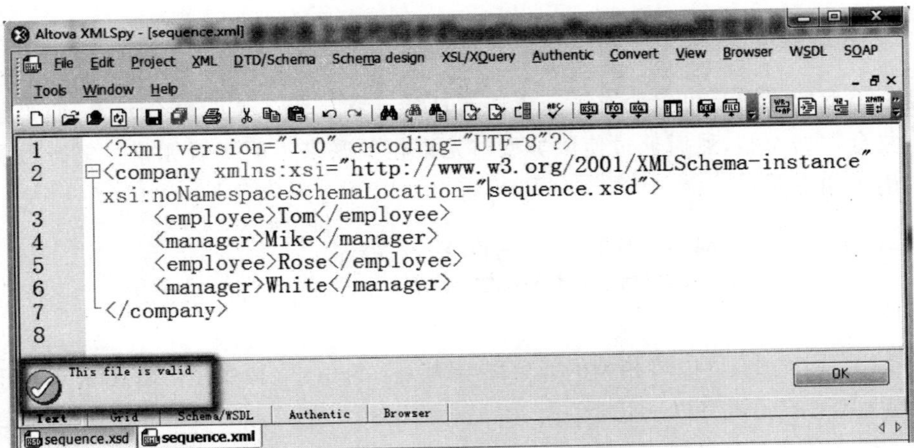

图3.1 有效的XML文档演示

如图 3.2 所示的 XML 文档则是无效的。

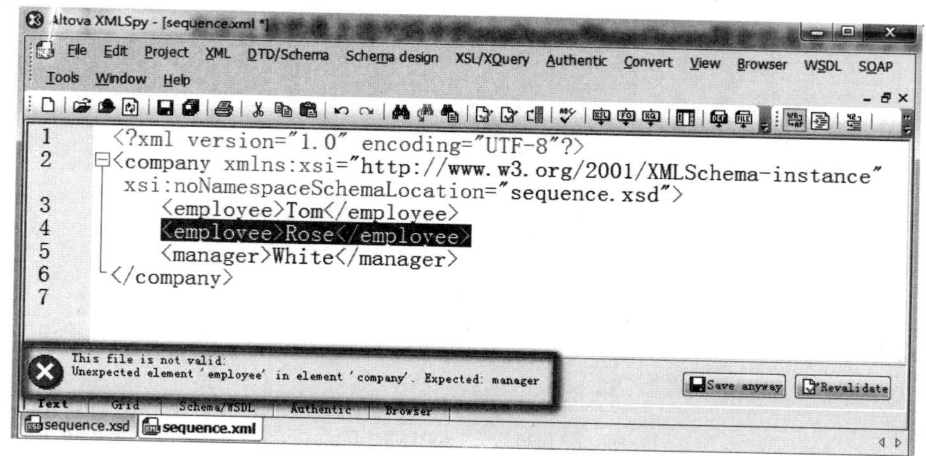

图 3.2 无效的 XML 文档演示

(2) <choise>元素

<choise>元素允许唯一的一个元素从<choise>声明组中被选择。其语法格式如下所示：

```
<xs: choice id="ID"
            minOccurs="nonNegativeInteger"
            maxOccurs="nonNegativeInteger|unbounded">
    <!--要组合的子元素的声明-->
</xs: choice>
```

其中，

- id 规定该元素的唯一的 ID。该项可选；
- minOccurs 规定元素在父元素中可以出现的最小次数，该值可以是大于或等于 0 的整数，若设置为 0 则表示该组是可选的，缺省值为 1。该项可选；
- maxOccurs 规定元素在父元素中可以出现的最大次数，该值可以是大于或等于 0 的整数，若设置为 unbounded 则表示不限制最大次数，缺省值为 1。该项可选。

例如：

```
<xs:element name="company" type="comType"/>
<xs:complexType name="comType">
    <xs:choice>
        <xs:element name="employee" type="xs:string"/>
        <xs:element name="manager" type="xs:string"/>
    </xs:choice>
</xs:complexType>
```

根据上述代码的定义，XML 文档中的<company>元素必须且只能包含一个<employee>元素或一个<manager>元素，否则，验证器会进行报错。

如图 3.3 所示的 XML 文档是有效的。

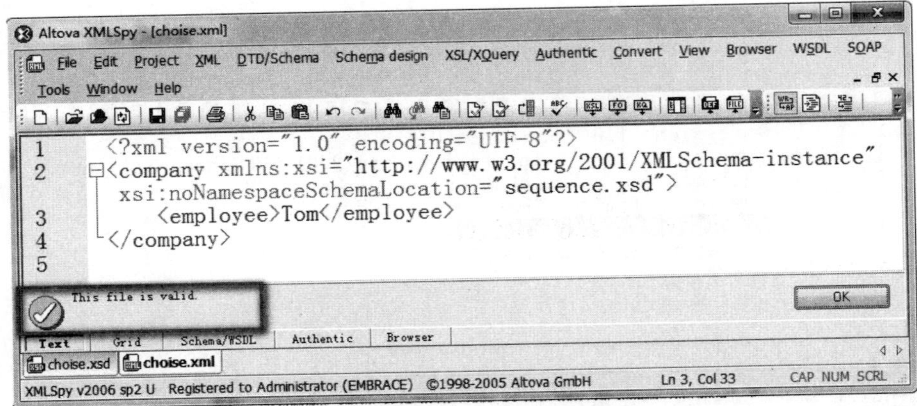

图 3.3　有效的 XML 文档演示

如图 3.4 所示的 XML 文档是无效的。

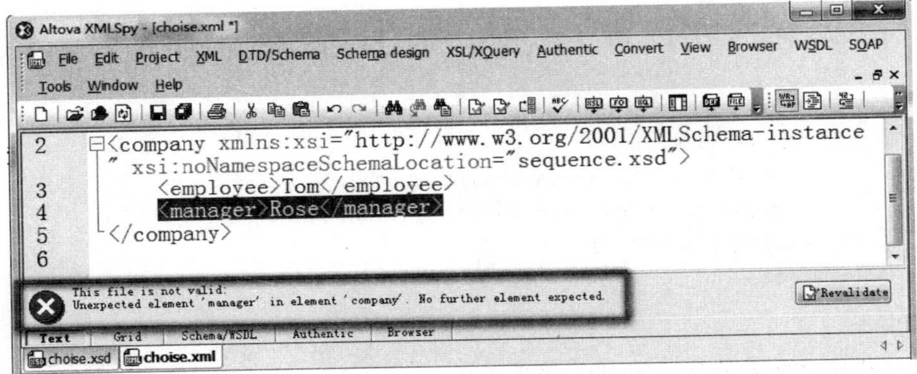

图 3.4　无效的 XML 文档演示

(3) <all>元素

<all>元素规定子元素能够以任意顺序出现，每个元素可以出现 0 次或 1 次，而且每次最多显示一次。其语法格式如下所示：

```
<xs: all id="ID"
         minOccurs="0|1"
         maxOccurs="1">
    <!--要组合的子元素的声明-->
</xs:all>
```

其中，

- id 规定该元素的唯一的 ID，该项可选；
- minOccurs 规定元素在父元素中可出现的最小次数，该值可以是 0 或 1，若设置为 0 则表示该组是可选的，缺省值为 1，该项可选；

- maxOccurs 规定元素在父元素中可出现的最大次数，该值必须是 1。该项可选。例如：

```
<xs:element name="company" type="comType"/>
<xs:complexType name="comType">
    <xs:all>
        <xs:element name="employee" type="xs:string"/>
        <xs:element name="manager" type="xs:string"/>
    </xs:all>
</xs:complexType>
```

根据上述代码的定义，在 XML 文档中<employee>元素和<manager>元素能够以任何顺序出现，两个元素都必须且只能出现一次，否则，验证器会进行报错。

如图 3.5 所示的 XML 文档是有效的。

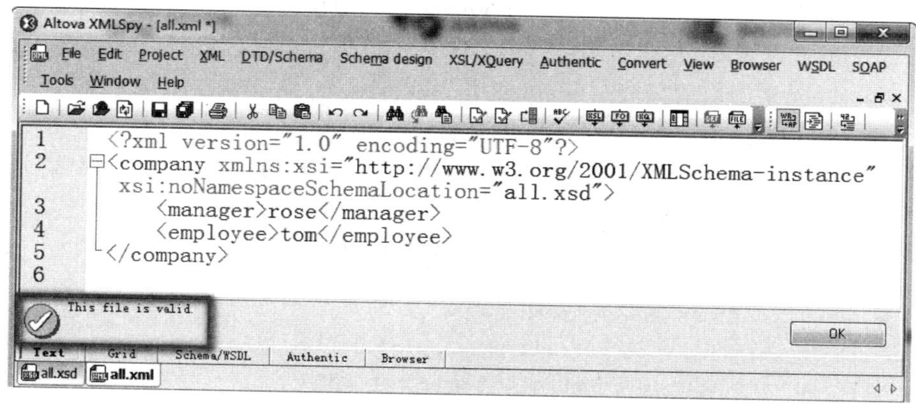

图 3.5 有效的 XML 文档演示

如图 3.6 所示的 XML 文档是无效的。

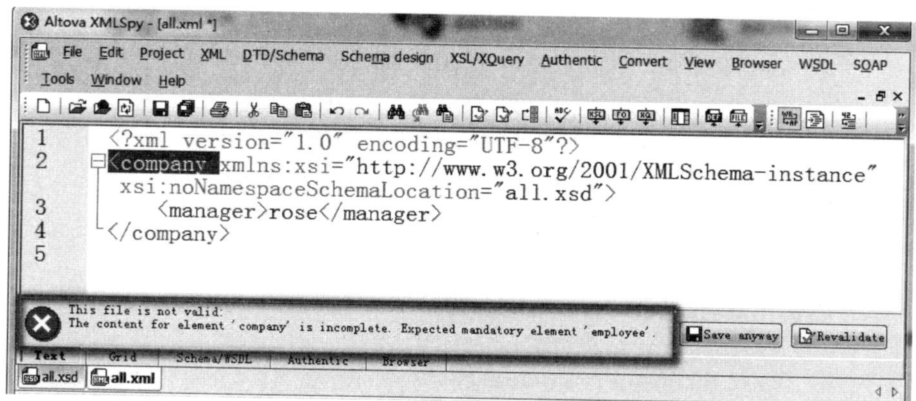

图 3.6 无效的 XML 文档演示

【例 3.2】 根据给定 XML 文档(student.xml)以及相关要求创建相应的 XML Schema 文档(student.xsd)。

```
<?xml version="1.0" encoding="UTF-8"?>
<student xmlns:xsi="http://www.wxxx3.org/2001/XMLSchema-instance"
xsi:noNamespaceSchemaLocation="student.xsd">
    <name>Tom</name>
    <sex>male</sex>
    <age>19</age>
    <phoneno>0536-8888777</phoneno>
</student>
```

此文档中元素<name>元素：<sex>元素、<age>元素和<phoneno>元素的取值需满足如下要求：

- <name>、<sex>、<age>和<phoneno>是简单类型的元素；
- <name>元素和<sex>元素的值必须是字符串；
- <sex>元素的取值只能是 male 和 female；
- <age>元素的值必须是 16～30 的整数；
- <phoneno>元素允许的组合：11 位手机号、3 位区号-8 位号码、4 位区号-8 位号码、4 位区号-7 位号码。

针对上述要求，该 XML 的完整模式文档定义如下。

```
<?xml version="1.0" encoding="UTF-8"?>
<xs:schema xmlns:xs="http://www.wxxx3.org/2001/XMLSchema" elementFormDefault=
"qualified" attributeFormDefault="unqualified">
    <xs:element name="student" type="studentDef"/>
    <!--定义 studentDef 复合类型-->
    <xs:complexType name="studentDef">
        <xs:sequence>
            <xs:element name="name" type="xs:string"/>
            <xs:element name="sex" type="sexDef"/>
            <xs:element name="age" type="ageDef"/>
            <xs:element name="phoneno" type="phonenoDef"/>
        </xs:sequence>
    </xs:complexType>
    <!--定义 ageDef 简单类型-->
    <xs:simpleType name="ageDef">
        <xs:restriction base="xs:positiveInteger">
            <xs:minInclusive value="16"/>
            <xs:maxInclusive value="30"/>
        </xs:restriction>
    </xs:simpleType>
    <!--定义 sexDef 简单类型-->
    <xs:simpleType name="sexDef">
```

```
            <xs:restriction base="xs:string">
                <xs:enumeration value="male"/>
                <xs:enumeration value="female"/>
            </xs:restriction>
        </xs:simpleType>
        <!--定义 phonenoDef 简单类型-->
        <xs:simpleType name="phonenoDef">
            <xs:restriction base="xs:string">
                <xs:pattern value="\d{11}|\d{3}-\d{8}|\d{4}-\d{8}|\d{4}-\d{8}"/>
            </xs:restriction>
        </xs:simpleType>
    </xs:schema>
```

在上述定义中，由于 XML 文档<student>元素为复合类型，故在 Schema 中为其指定类型时需要使用复合类型。studentDef 是按照 XML 文档结构定义的复合数据类型，被通过<student>的 type 属性指定为<student>元素的数据类型。

将<age>、<sex>和<phoneno>元素的数据类型都扩展为用户自定义数据类型，并分别命名为 ageType、sexType 和 phonenoType，此种形式可以方便地实现数据类型共用。

3. 匿名类型

使用 XML Schema，可以定义一系列具有名称的数据类型，通过使用元素的 type 属性来引用这些数据类型。这种类型的模式构造非常直观，可以方便地实现数据类型复用，但在有些情况下不是很实用。例如，在模式文档中定义了许多只应用一次并且包含非常少的约束的数据类型，使用上文介绍的方法模式，文档就会变得非常烦琐。对于此类情况，可以使用一种新的定义方式——匿名类型定义。

使用匿名类型定义时元素声明不必再写 type 属性，因为匿名类型定义在某个元素的内部，为该元素专用。

【例 3.3】 使用匿名类型定义实现例 3.2 的要求，定义一个 XML Schema 文档。

```
<?xml version="1.0" encoding="UTF-8"?>
<xs:schema xmlns:xs="http://www.wxxx3.org/2001/XMLSchema" elementFormDefault=
"qualified" attributeFormDefault="unqualified">
    <xs:element name="student">
        <xs:complexType>
            <xs:sequence>
                <xs:element name="name" type="xs:string"/>
                <xs:element name="sex">
                    <xs:simpleType>
                        <xs:restriction base="xs:string">
                            <xs:enumeration value="male"/>
                            <xs:enumeration value="female"/>
```

```
                    </xs:restriction>
                </xs:simpleType>
            </xs:element>
            <xs:element name="age">
                <xs:simpleType>
                    <xs:restriction base="xs:positiveInteger">
                        <xs:minInclusive value="16"/>
                        <xs:maxExclusive value="30"/>
                    </xs:restriction>
                </xs:simpleType>
            </xs:element>
            <xs:element name="phoneno">
                <xs:simpleType>
                    <xs:restriction base="xs:string">
                        <xs:pattern
                        value="\d{11}|\d{3}-\d{8}|\d{4}-\d{8}|\d{4}-\d{7}"/>
                    </xs:restriction>
                </xs:simpleType>
            </xs:element>
        </xs:sequence>
    </xs:complexType>
  </xs:element>
</xs:schema>
```

3.2.4 XML Schema 属性声明

属性声明用于命名属性并指定属性值的类型。在 Schema 中实现的方法是使用 Attribute 标记，可以按照定义元素的方式定义属性，但受限制的程度更高。它们只能是简单类型，只能包含文本，且没有子属性；属性是没有顺序的，而元素是有顺序的。其语法格式如下所示：

```
<xs:attribute name="属性名"
              default="缺省值"
              fixed="固定值"
              type="数据类型"
              use="optional|required"/>
```

其中，

- name 用来指定自定义属性名称；
- default 用来指定自定义属性的一个缺省值，该项可选；
- fixed 用来为自定义属性提供一个固定的值，且不能和 default 属性同时出现，该项可选；
- type 指定该属性的数据类型，此处只能是简单数据类型；

- use 指定该属性值是 required(必需)还是 optional(可选的),默认为 optional。

注意:要把属性附加在元素上,属性应该在 complexType 定义过程中最后进行定义。

例如,下面代码显示了给<student>元素增加一个 no(学号)属性的方法:

```
<xs:element name="student" type="studentDef"/>
    <!--定义 studentDef 复合类型-->
<xs:complexType name="studentDef">
    <xs:sequence>
        <xs:element name="name" type="xs:string"/>
        <xs:element name="sex" type="sexDef"/>
        <xs:element name="age" type="ageDef"/>
        <xs:element name="phoneno" type="phonenoDef"/>
    </xs:sequence>
    <!--定义 student 元素的 no 属性-->
     <xs: attribute name =" no " type =" xs: string " use =" required " > </xs:
attribute>
</xs:complexType>
```

3.3 模式重用

XML Schema 支持高度重用性,即在一个模式中声明的组件能够被另一个模式重用。XML Schema 推荐标准中提供了<include>元素和<import>元素来实现模式的重用。

1. <include>元素

<include>元素用于向一个文档添加带有相同目标命名空间的多个 XML Schema 文档。其语法格式如下:

```
<xs:include id="ID" schemaLocation="filename"/>
```

其中,

- id 用来指定元素的 ID,ID 必须是唯一的,该项可选;
- schemaLocation 指定所要包含的 XML Schema 文档的 URI。

<include>元素在一个 xsd 文档中可以多次出现。<schema>元素是<include>元素的父元素。在使用<include>元素时,唯一要注意的事情是:要包含和已包含的模式文件必须属于同一个目标命名空间,如果 schema 目标命名空间不匹配,则包含不会有效。

【例 3.4】 定义一个 XML Schema 文档,演示如何使用<include>元素实现模式重用。

定义第一个模式文件 first.xsd,内容如下:

```
<?xml version="1.0" encoding="UTF-8"?>
<xs:schema xmlns:xs="http://www.wxxx3.org/2001/XMLSchema"
xmlns="http://www.mxxxb.com" targetNamespace="http://www.mxxxb.com">
    <xs:simpleType name="bid">
        <xs:restriction base="xs:string">
            <xs:pattern value="[A]\d{6}"/>
        </xs:restriction>
    </xs:simpleType>
</xs:schema>
```

定义第二个模式文件 second.xsd,内容如下:

```
<?xml version="1.0" encoding="UTF-8"?>
<xs:schema xmlns:xs="http://www.wxxx3.org/2001/XMLSchema"
xmlns="http://www.mxxxb.com" targetNamespace="http://www.mxxxb.com">
    <xs:simpleType name="aid">
        <xs:restriction base="xs:string">
            <xs:pattern value="[C]\d{6}"/>
        </xs:restriction>
    </xs:simpleType>
</xs:schema>
```

定义第三个模式文件 third.xsd,内容如下:

```
<?xml version="1.0" encoding="UTF-8"?>
<xs:schema xmlns:xs="http://www.wxxx3.org/2001/XMLSchema"
xmlns="http://www.mxxxb.com" targetNamespace="http://www.mxxxb.com">
    <xs:include schemaLocation="first.xsd"/>
    <xs:include schemaLocation="second.xsd"/>
    <xs:element name="books" type="infotype"/>
    <xs:complexType name="infotype">
        <xs:sequence>
            <xs:element name="book" type="booktype"/>
        </xs:sequence>
    </xs:complexType>
    <xs:complexType name="booktype">
        <xs:sequence>
            <xs:element name="title" type="xs:string"/>
            <xs:element name="author" type="atype"/>
        </xs:sequence>
        <xs:attribute name="bookid" type="bid"/>
    </xs:complexType>
    <xs:complexType name="atype">
        <xs:sequence>
            <xs:element name="firstname" type="xs:string"/>
            <xs:element name="lastname" type="xs:string"/>
```

```
        </xs:sequence>
        <xs:attribute name="authorid" type="aid"/>
    </xs:complexType>
</xs:schema>
```

在 third.xsd 模式文件中使用了前面两个模式文件中所定义的用户自定义的简单数据类型，并且它们位于同一个目标命名空间：targetNamespace="http://www.mxxxb.com"。对于命名空间"http://www.mxxxb.com"中定义的类型的引用不需要加前缀，因为此命名空间使用的是默认引用的方式；对于命名空间"http://www.wxxx3.org/2001/XMLSchema"中定义的类型的引用必须加上前缀 xs。

2. <import>元素

<import>元素和<include>元素具有同样的功能，但<import>元素允许访问来自多个不同目标名称空间的模式的组件。其语法格式如下：

```
<import id="ID" namespace="namespace" schemaLocation="filename"/>
```

其中，

- id 用来指定元素的 ID，ID 必须是唯一的，该项可选；
- namespace 指定被引入模式所属的命名空间 URI，它也指定前缀，该前缀用来使一个元素或属性和一个特定的命名空间相关联；
- schemaLocation 指定模式文件的物理地址。

【例 3.5】 定义一个 XML Schema 文档，演示如何使用<import>元素实现模式重用。

定义第一个模式文件 first_i.xsd，该 XSD 文件对于命名空间使用默认方式，目标命名空间：targetNamespace="http://www.xxx.com"，内容如下所示：

```
<?xml version="1.0" encoding="UTF-8"?>
<xs:schema xmlns:xs="http://www.wxxx3.org/2001/XMLSchema"
xmlns="http://www.xxxt.com" targetNamespace="http://www.xxxt.com">
    <xs:simpleType name="bid">
        <xs:restriction base="xs:string">
            <xs:pattern value="[A]\d{6}"/>
        </xs:restriction>
    </xs:simpleType>
</xs:schema>
```

定义第二个模式文件 second_i.xsd，该 XSD 文件对于命名空间使用默认方式，目标命名空间：targetNamespace="http://www.xxxd.com"，内容如下所示：

```
<?xml version="1.0" encoding="UTF-8"?>
<xs:schema xmlns:xs="http://www.wxxx3.org/2001/XMLSchema"
xmlns="http://www.xxxd.com" targetNamespace="http://www.xxxd.com">
```

```
    <xs:simpleType name="aid">
        <xs:restriction base="xs:string">
            <xs:pattern value="[C]\d{6}"/>
        </xs:restriction>
    </xs:simpleType>
</xs:schema>
```

定义第三个模式文件 third_i.xsd，该 XSD 文件目标命名空间 targetNamespace＝"http://www.xxxd.com"，内容如下所示：

```
<?xml version="1.0" encoding="UTF-8"?>
<xs:schema xmlns:xs="http://www.wxxx3.org/2001/XMLSchema"
xmlns="http:/www.mxxxb.com" targetNamespace="http:/www.mxxxb.com" xmlns:
prd1="http://www.xxxt.com" xmlns:prd2="http://www.xxxd.com">
    <xs:import namespace="http://www.xxxt.com" schemaLocation="first_i.xsd"/>
    <xs:import namespace="http://www.xxxd.com" schemaLocation="second_i.xsd"/>
    <xs:element name="books" type="infotype"/>
    <xs:complexType name="infotype">
        <xs:sequence>
            <xs:element name="book" type="booktype"/>
        </xs:sequence>
    </xs:complexType>
    <xs:complexType name="booktype">
        <xs:sequence>
            <xs:element name="title" type="xs:string"/>
            <xs:element name="author" type="atype"/>
        </xs:sequence>
        <xs:attribute name="bookid" type="prd1:bid"/>
    </xs:complexType>
    <xs:complexType name="atype">
        <xs:sequence>
            <xs:element name="firstname" type="xs:string"/>
            <xs:element name="lastname" type="xs:string"/>
        </xs:sequence>
        <xs:attribute name="authorid" type="prd2:aid"/>
    </xs:complexType>
</xs:schema>
```

在 third_i.xsd 模式文件中使用了前面两个模式文件中所定义的用户自定义的简单数据类型，因为它们并不位于同一个目标命名空间，所以需要借助于＜import＞元素将其他目标命名空间中的模式文件引入当前的模式文件中。

对于命名空间"http://www.xxxt.com"中所定义的类型的引用必须加上前缀 prd1；对于命名空间"http://www.xxxd.com"中所定义的类型的引用必须加上前缀 prd2；对于

命名空间"http://www.wxxx3.org/2001/XMLSchema"中所定义的类型的引用必须加上前缀 xs;而对于命名空间"http://www.mxxxb.com"中所定义的类型的引用就不需要加前缀了,因为此命名空间使用的是默认引用的方式。

3.4 XML Schema 应用实例

【例 3.6】 对于下列 XML 文档:

```
order.xml
<?xml version="1.0" encoding="UTF-8"?>
<orders>
    <order orderID="A001" orderDate="2017-09-12">
        <name>玩具</name>
        <number>16</number>
        <city>上海</city>
        <zip>200000</zip>
        <phoneno>13577778888</phoneno>
    </order>
    <order orderID="A002" orderDate="2017-09-16">
        <name>文具</name>
        <number>20</number>
        <city>青岛</city>
        <zip>266000</zip>
        <phoneno>0532-77778888</phoneno>
    </order>
</orders>
```

创建一个 Schema 文档,并应用于给定的 XML 文档。要求如下:

- <order>元素在 XML 文档中可以出现多次,但至少要求出现一次;
- <orderID>元素值的格式必须是 AXXX,其中 X 为 0~9 的数字,为必选项;
- <number>元素的值为 1~999;
- <zip>元素的内容的格式必须是 XXXXXX,其中 X 为 0~9 的数字,该元素可选;
- <phoneno>元素允许如下组合:11 位手机号、3 位区号+8 位号码、4 位区号+8 位号码、4 位区号+7 位号码。

1. 建立 XML Schema 文档

(1) 单击 File|New 按钮,在弹出的对话框中选择 W3C XML Schema 选项。

(2) 首先定义 XML 文档的根元素<orders>,该元素拥有两个<order>子元素,因此将它认定为复合类型元素,并且可以被<sequence>元素修饰,用作定义子元素出现的次数。其次<order>元素拥有两个属性和若个干子元素,因此也将它认定为复合类型元素,并且用<sequence>元素修饰,用作定义子元素的出现顺序。<name>、<number>、

<zip>、<phoneno>这几个元素只包含文本信息，因此可以将其定义为简单类型元素。相关代码如下所示：

order.xsd

```
<?xml version="1.0" encoding="UTF-8"?>
<xs:schema xmlns:xs="http://www.wxxx3.org/2001/XMLSchema"
elementFormDefault="qualified">
    <xs:element name="orders">
        <xs:complexType>
            <xs:sequence maxOccurs="unbounded">
                <xs:element name="order" type="OrderType"/>
            </xs:sequence>
        </xs:complexType>
    </xs:element>
    <xs:complexType name="OrderType">
        <xs:sequence>
            <xs:element name="name" type="xs:string"/>
            <xs:element name="number" type="numberType"/>
            <xs:element name="city" type="xs:string"/>
            <xs:element name="zip" type="zipType" minOccurs="0"/>
            <xs:element name="phoneno" type="phonenoType"/>
        </xs:sequence>
        <xs:attribute name="orderID" type="orderIDType" use="required"/>
        <xs:attribute name="orderDate" type="xs:date"/>
    </xs:complexType>
    <xs:simpleType name="numberType">
        <xs:restriction base="xs:int">
            <xs:minInclusive value="1"/>
            <xs:maxInclusive value="999"/>
        </xs:restriction>
    </xs:simpleType>
    <xs:simpleType name="zipType">
        <xs:restriction base="xs:string">
            <xs:length value="6"/>
            <xs:pattern value="\d{6}"/>
        </xs:restriction>
    </xs:simpleType>
    <xs:simpleType name="phonenoType">
        <xs:restriction base="xs:string">
            <xs:pattern value="\d{11}|\d{3}-\d{8}|\d{4}-\d{8}"/>
        </xs:restriction>
    </xs:simpleType>
    <xs:simpleType name="orderIDType">
        <xs:restriction base="xs:string">
            <xs:length value="4"/>
            <xs:pattern value="A\d{3}"/>
        </xs:restriction>
```

```
    </xs:simpleType>
</xs:schema>
```

上述代码中，若使<order>元素在 orders 中可以出现多次，只要将<order>元素的 maxOccurs 属性设置为 unbounded。<order>元素下的<zip>元素是一个可选项，因此需要将<zip>元素的 minOccurs 属性的值设置为 0。通过<attribute>元素声明<order>元素的两个属性，其中 orderID 属性是可以通过将 user 属性设置为 required 来设置为必选的。

2. 用 Schema 检验 XML 文档

建立好了 Schema 文档，就需要用它来检验 XML 文档，用 XMLSpy 也可以为 XML 文档指定 Schema 文档。打开 XML 文档，单击 DTD/Schema|assign Schema 按钮，在出现的对话框中选择 XML 文档对应的 Schema 文档即可。为 XML 文档指定 Schema 后，单击工具栏中带有绿色"√"图标的按钮，即可进行 XML 文档的有效性检查。如果检查合格，则在文档下方会显示"This file is valid."

3.5 本章小结

- XML Schema 是 Microsoft 公司开发的一种定义 XML 文档的模式，称为 XML 模式定义语言——XML Schema Definition，简称 XSD。使用 XSD，我们不仅可以描述 XML 文档的结构以便颁布业务标准，还可以使用支持 XSD 的通用化 XML 解析器对 XML 文档进行解析并自动检查其是否满足给定的业务标准。
- XML Schema 文档必须要定义一个且只能定义一个 schema 根元素。schema 根元素不但表明了文档类型，还包括模式的约束、XML 模式名称空间的定义以及其他名称空间的定义等其他一些属性信息。
- 在 W3C XML Schema 中，元素通过使用 element 元素实现。元素声明用于给元素指定元素名称、元素内容和元素数据类型等属性。
- XML Schema 中的数据类型分为简单类型和复合类型。简单类型的元素是只能包含文本，但不能包含子元素或属性的元素；复合类型的元素是可以含有子元素或属性的元素。XML Schema 规范中定义了两类简单类型：内置类型和用户定义类型。用户自定义类型使用<xs:simpleType>元素定义；复合数据类型的定义使用<xs:complexType>元素定义。
- 属性声明用于命名属性并指定属性值的类型，在 Schema 中实现的方法是使用 Attribute 标记。
- XML Schema 支持高度重用性，即在一个模式中声明的组件能够被另一个模式重用。XML Schema 推荐标准中提供了<include>元素和<import>元素来实现模式的重用。

第4章 chapter 4

DOM与SAX

本章学习目标

- 了解常用的解析器接口
- 了解DOM的概念
- 掌握DOM的文档结构
- 掌握DOM常用的API
- 掌握基于DOM的增、删、改、查操作
- 了解SAX的概念及实现机制
- 掌握SAX的常用事件及常用API
- 掌握使用SAX处理XML文档的基本步骤

本章首先对常用的解析器进行介绍；接着介绍XML DOM的知识点以及基于XML DOM解析XML文档的过程；最后介绍使用SAX处理XML文档的相关知识。

4.1 XML常用解析器

XML文档的处理都是从解析开始的，在解析XML文档时，通常是利用现有的XML解析器对XML文档分析，而开发者编写的应用程序则通过解析器提供的API接口得到XML数据。目前比较常用的解析器有4种。

1. DOM

DOM是文档驱动的解析方式，解析器会读入整个XML文档，然后在内存中构造一个完整的DOM树形结构，这样就可以方便地操作树中的任意结点了。实现DOM的XML解析器一旦完成解析，内存中就有了一棵同时包含XML文档结构和内容信息的DOM对象树，能够方便地实现对XML文档的增、删、改、查操作，结构清晰，操作简单。但对于较大的XML文档，DOM需要将整个XML文档都装入内存，会大量占用内存资源，处理速度慢。对性能要求高的程序，DOM的处理能力存在严重不足，因此使用其他方式来处理这样的数据会更好，例如基于事件处理机制的 SAX。

W3C 发布了针对 DOM 方式的一组 Java 接口，其中规范了以 DOM 方式操作 XML 文档的方法。W3C DOM 是业界认可的 DOM 规范，并且已经内置于 JDK 中，编写 Java 程序时不需要引入任何库就可以使用这个 API。

2. SAX

SAX 是事件驱动的解析方式。当解析器发现元素开始、元素结束，文本、文档的开始或结束等情况时，会触发相应的事件，开发者可以通过编写响应这些事件的代码来保存数据。

SAX 基于流式处理，在遇到一个标签的时候，所能获知的信息只是该标签的名字和属性，至于标签的嵌套结构、上层标签的名字、是否有子元素等其他与结构有关的信息，都是一无所知的，都需要通过程序来完成获取，这使得 SAX 在编程处理上没有 DOM 那么方便，所以编程更复杂一些。但 SAX 是“即读即处理”的，没有冗余的对象模型，对于大多数 XML 文档，不需要读到文档结尾即可得到相关信息，使得 SAX 处理速度和内存的占用要优于 DOM 模型。

SAX 是由 OASIS（Organization for the Advancement of Structured Information Standards，结构化信息标准促进组织）下 xml.org 的 XML-DEV 邮件列表的成员开发维护，是一种社区性质的讨论产物。SAX API 所在的包是 org.xml.sax。

SAX 解析器是一个把具体操作留给编程人员而把解释工作留给自己的编程模型。它不像 DOM 那样需要把整个 XML 文档加载到内存，而是逐行解释然后通过事件通知给解析程序，由具体的程序分析这些事件通知，最后加以处理。

3. JDOM

JDOM 是一个开源的 XML 解析器类库，提供了一种基于 Java 的特定文档对象模型。JDOM 简化了与 XML 的交互，并且比使用 DOM 速度更快。

JDOM 与 DOM 主要有两个方面的不同：首先 JDOM 仅使用具体类而不是接口，这在某些方面简化了 API，比 DOM 容易理解，但是也限制了灵活性；其次，JDOM 在 API 中大量使用了 Collections 类，简化了 Java 程序设计人员的工作，但是其自身不包含解析器，JDOM 通常使用 SAX2 解析器来解析和验证 XML 文档。JDOM API 所在的包是 org.jdom.

4. DOM4J

DOM4J 是一个开源的 XML 解析器类库，提供了一种基于 Java 的特定文档对象模型，并且也提供对 W3C DOM、SAX 等的支持。DOM4J 还提供了许多超出基本 XML 文档表示的功能，包括集成的 Xpath 支持、XSLT 支持、XML Schema 支持以及用于大文档或流化文档的基于事件的处理。DOM4J 通过大量使用接口和抽象类，并集中引入了 Collections 类，使得操作的灵活性非常高。DOM4J 所在的包是 org.dom4j。

与前面3种解析器相比，DOM4J的性能最好，连Sun公司的JAXM也要使用DOM4J。目前在许多开源项目中也大量采用DOM4J，例如大名鼎鼎的Hibernate也是采用DOM4J来读取XML的配置文件的。如果不考虑软件的可移植性，就采用DOM4J。

DOM和SAX是应用最广泛的XML解析器，后续章节将做具体介绍。

4.2 DOM基础知识

4.2.1 DOM概述

DOM全称为Document Object Model，即文档对象模型。DOM作为W3C的标准接口规范，目前由3部分组成，包括核心DOM、HTML DOM和XML DOM。核心部分是结构化文档比较底层对象的集合，所定义的对象已经完全可以表达出任何HTML和XML文档中的数据了。HTML和XML接口则是专门为操作具体的HTML和XML文档所定义的高级接口，使对这两类文档的操作更加方便。

XML DOM是XML Document Object Model的缩写，即XML文档对象模型。XML DOM定义了访问和处理XML文档的标准方法。设计人员可以通过DOM API程序对文档中的数据、文档的结构进行各种操作。DOM提供的对象和方法可以和任何编程语言(如Java、C++、VB等)一起使用。

使用DOM处理XML文档有以下优越性。

- DOM能够保证XML文档的语法正确和格式正规：由于DOM将文本文件转换为用抽象的结点树表示，因此能够完全避免无结束标记和不正确的标记嵌套等问题。
- DOM能够从语法中提取内容：由于DOM创建的结点树是XML文档内容的逻辑表示，它显示了文档提供的信息，以及结点树和XML文档之间的关系，而不受限于XML语法。
- DOM能够简化内部文档操作：DOM提供了一套API，通过该标准，程序设计人员可以从XML文档中读取、搜索、修改、增加和删除数据，以操纵XML文档的内容和结构。
- DOM能够贴切地反映典型的层次数据库和关系数据库的结构：DOM表示数据元素关系的方式非常类似于现代的层次型和关系型数据库表示信息的方法，这使得利用DOM在数据库和XML文档之间移动信息变得相当简单。

4.2.2 DOM文档结构

在DOM中，一般将XML逻辑结构描述成树。DOM通过解析XML文档，为XML文档在逻辑上建立一个树模型(DOM树)，树的结点是一个个对象，所以通过操作这棵树及其中的对象就可以完成对 XML 文档的操作，为处理文档提供了一个完美的概念性框架。在 DOM 树形结构中，可以把 XML 标记(和它的值)看作一个结点对象，结点对象是 DOM 树的基本对象，XML 中共有 12 种结点类型，其中最常见的结点类型有文档、元素、属性、文本和注释 5 种。

(1) 文档。整个文档是一个文档结点(根结点)，文档结点是文档中所有其他结点的父结点。根结点不等于根元素结点，要严格区分 XML 文档树中的根结点与根元素结点。根结点(Document)代表的是 XML 文档本身，是解析 XML 文档的入口，而根元素结点则表示 XML 文档的根元素。

(2) 元素。每个 XML 标签是一个元素结点，是 XML 文档的基本构件，元素可以包含其他元素、文本结点或者两者的组合来作为其子结点。元素是唯一允许带有属性的结点。

(3) 文本。包含在 XML 元素中的文本是文本结点，表示元素或属性值的文本内容(XML 文档中的字符数据)，它可以包含信息，也可以是空白。

文本总是存储在文本结点中，在 DOM 处理中一个普遍的错误是认为元素结点包含文本。不过，元素结点的文本是存储在文本结点中的。

例如：<year>2005</year>，元素结点 <year>拥有一个值为 2005 的文本结点。2005 不是元素结点 <year> 的值，而是文本结点 2005 的值。

(4) 属性。每一个 XML 属性是一个属性结点，表示文档中一个元素的属性，属性结点可以包含简单的文本值或实体引用。属性结点没有父结点或兄弟结点。

(5) 注释。注释属于注释结点。

一个 XML 文档及其对应的 DOM 树如下所示：

```
<?xml version="1.0" encoding="UTF-8"?>
<bookstore>
    <book category="children">
        <title lang="en">Harry Potter</title>
        <author>J K. Rowling</author>
        <year>2005</year>
        <price>29.99</price>
    </book>
    <book category="web">
        <title lang="en">Learning XML</title>
        <author>Erik T. Ray</author>
        <year>2003</year>
        <price>39.95</price>
    </book>
</bookstore>
```

在上述 XML 文档中，表述不同结点之间的逻辑关系，在 DOM 中可以解析成如图 4.1 所示的逻辑关系，其中<bookstore>元素与<book>元素是父子关系。

从图 4.1 中可以看出，<bookstore>元素与<book>元素是父子关系，因此将最顶

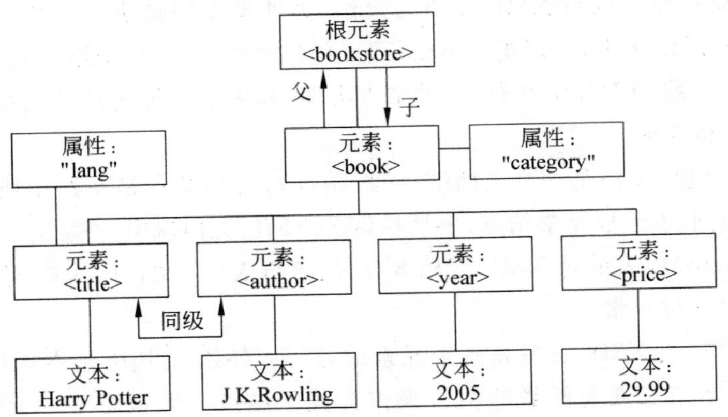

图 4.1　book.xml 文档的树形结构

端的元素称为根元素结点；<title>元素、<author>元素、<year>元素和<price>元素之间是同级关系，因此被称为同级结点；<category>元素和<lang>元素分别是<book>元素和<title>元素的属性，因此称为属性结点；Harry Potter、J K.Rowling、2005、29.99 则是元素的文本内容，称为文本结点。

注意：文档(根结点)和根元素结点是两回事，要严格区分 XML 文档树中的根结点与根元素结点。根结点代表整个文档，是解析 XML 文档的入口，通过它获取 Document 对象；根元素结点代表 XML 文档的根元素，必须要在获得 Document 对象之后才能一层一层访问它的元素。

4.3　DOM 编程

DOM 编程就是通过解析 XML 文档，为 XML 文档在逻辑上建立一个树模型，其中树的结点是一个个对象，通过存取这些对象就能够对 XML 文档的内容进行操作，维护 XML 文档中的数据。

4.3.1　Java DOM 的 API

1. DocumentBuilderFactory 类

DocumentBuilderFactory 是 DOM 中的解析器工厂类，开发者要使用 DOM 操作 XML 文档，首先要建立一个解析器工厂实例，用于获得一个具体的解析器对象。通过调用 DocumumnentBuilderFactory 类的静态方法 newInstance()来创建 DocumentBuilderFactory 类的实例，代码如下：

```
DocumentBuilderFactory factory=DocumentBuilderFactory.newInstance();
```

newInstance()方法为静态方法，如果该方法无法实例化则抛出 FactoryConfigurationError

异常。

2. DocumentBuilder 类

DocumentBuilder 是 Dom 中的解析器类，开发者使用该类可以获取 XML 文档的 DOM 对象实例。当获得一个解析器工厂类实例后，使用其静态方法 newDocumentBuilder()可以获得一个 DOM 解析器对象，代码如下：

```
DocumentBuilder builder=factory.newDocumentBuilder();
```

其中，factory 为解析器工厂类实例。上述代码如果不能创建 DocumentBuilder 实例，那么会抛出 ParserConfigurationException 异常。

3. Document 接口

Document 接口代表整个文档，是对文档中的数据进行访问和操作的入口。通过 Document 结点，可以访问到文档中的其他结点。换句话说，对 XML 文档的所有操作都是通过对 Document 进行操作完成的。

解析器类 DocumentBuilder 的 newDocument()方法产生 Document 对象的一个新实例，代码如下：

```
Document doc=builder.newDocument();
```

解析器类 DocumentBuilder 的 parse()方法接受一个 XML 文档名作为输入参数，然后返回一个 Document 实例，代码如下：

```
Document document=builder.parse("student1.xml");
```

得到 Document 对象后，就可以通过 DOM 完成对 XML 文档的一系列操作。Document 的常用方法如表 4.1 所示。

表 4.1 Document 的常用方法

方 法 名	功 能 说 明
createAttribute(Strring name)	用给定的属性名创建一个 Attr(属性)对象，并可以通过调用 Element 的 setAttributeNode()方法将其附加在某一个 Element(元素)对象上
createElement(String tagName)	用给定的标签名创建一个 Element(元素)对象，代表 XML 文档中的一个标签，然后就可以在这个 Element 对象上添加属性或进行其他操作
createTextNode(String data)	用给定的字符串创建一个 Text(文本)对象，Text 对象代表了标签或者属性中所包含的纯文本字符串
createCDATASection(String data)	创建其值为指定字符串的 CDATASection 结点
createComment(String data)	创建给定指定字符串的注释结点

续表

方 法 名	功能说明
getElementsByTagName(String tagname)	返回一个 NodeList 对象,它包含了所有给定标签名字的标签
getDocumentElement()	返回一个代表这个 DOM 树的根结点的 Element 对象,也就是代表 XML 文档根元素的那个对象

4. Node 接口

在 DOM 树中,Node 接口代表了树中的一个结点。Node 接口是 DOM 树的重心,Node 对象构成了 DOM 树的核心结构。DOM 树的整体架构是基于 Node 接口的,其中 Document、Elemnt、Text、Attribute 在 DOM 树中都可以表示为结点,都继承自 Node 接口。Node 接口中提供了大量的方法用于对 Node 对象的各种访问操作,其常用方法及功能如表 4.2 所示。

表 4.2 Node 常用方法

方 法 名	功能说明
appendChild(Node newChild)	将结点 newChild 添加到此结点的子结点列表的末尾,如果 newChild 已经存在于树中,则首先移除它
getFirstChild()	如果结点存在子结点,则返回第一个子结点;如果没有这样的结点,则返回 null
getLastChild()	如果结点存在子结点,则返回最后一个子结点;如果没有这样的结点,则返回 null
getNextSibling()	返回在 DOM 树中这个结点的下一个兄弟结点;如果没有这样的结点,则返回 null
getNodeName()	根据结点的类型返回结点的名称
getNodeType()	返回结点的类型
getNodeValue()	返回结点的值
hasChildNodes()	判断是否存在子结点
hasAttributes()	判断当前结点是否存在属性
getOwnerDocument()	返回当前结点所属的 Document 对象
insertBefore(Node newChild,Node refChild)	在给定的一个子结点前插入一个子结点
removeChild(Node oldChild)	删除给定的子结点
replaceChild(Node newChild,Node oldChild)	用一个新的子结点代替给定的子结点

nodeName、nodeValue 的值将根据结点类型的不同而有所不同,如表 4.3 所示。

表 4.3 不同类型结点的 nodeName 和 nodeValue 的取值

Interface	nodeName	nodeValue
Attr	与 Attr.name 相同	与 Attr.value 相同
CDATASection	"#cdata-section"	CDATA 节的内容
Comment	"#comment"	该注释的内容
Document	"#document"	null
DocumentType	与 DocumentType.name 相同	null
Element	与 Element.tagName 相同	null
Entity	entity name	null
Text	"#text"	该文本结点的内容

5. NodList 接口

NodeList 接口表示一个结点对象的集合，该接口提供一种便利机制，可以把树状文档结点转换为人们熟知的列表进行访问。通过该接口，可以循环某个结点集合，并且对文档结构所做的任何改变(如添加或删除结点)在结点列表中都会立即反映出来。该结构对于 DOM 树的操作有着重要的作用。NodeList 接口常用方法及其功能如表 4.4 所示。

表 4.4 NodeList 接口常用方法

方 法 名	功 能 说 明
getLength()	返回列表的长度
item(int index)	返回指定位置的 Node 对象

6. Element 接口

Element 接口代表 XML 文档中的元素结点，继承于 Node 接口。由于元素结点可以包含属性，因此 Element 接口还提供了对属性的存取操作。其常用方法及其功能如表 4.5 所示。

表 4.5 Element 接口常用方法

方 法 名	功 能 说 明
getElementsByTagName(String name)	返回一个 NodeList 对象，它包含了所有给定标签名字的标签
getAttribute(String name)	返回标签中给定属性名的属性值
getAttributeNode(String name)	返回一个给定属性名称的 Attr 对象
hasAttribute(String name)	判断该标签中是否存在指定名称的属性
removeAttribute(String name)	删除该标签中指定的属性
setAttribute(String name,String value)	为标签增加指定名称和属性值的属性
setAttributeNode(Attr newAttr)	为标签增加指定属性，属性信息来源于指定的 Attr 对象

7. Attr 接口

Attr 接口代表标签中的属性，其继承于 Node 接口。在操作 Attr 对象时需要注意，虽然 Attr 接口是从 Node 接口继承而来，但是 DOM 没有把属性结点看作单独的结点，而是作为与结点相关联的元素的属性。因此属性结点没有父结点或兄弟结点。其常用方法及其功能如表 4.6 所示。

表 4.6 Attr 接口常用方法

方 法 名	功 能 说 明
getName()	返回此属性的名称
getOwnerElement()	此属性连接到的 Element 结点；如果未使用此属性，则为 null
getValue()	返回属性值
setValue(String value)	设置属性值。

4.3.2 DOM 编程概述

使用 DOM 解析 XML 文档之前首先需要创建一个解析器工厂和解析器对象，然后再执行其他操作。使用 DOM 解析 XML 文档的一般步骤如下。

(1) 获得 DOM 解析器工厂(工厂的作用是用于创建具体的解析器)。

```
DocumentBuilderFactory factory=DocumentBuilderFactory.newInstance();
```

(2) 获得具体的 DOM 解析器。

```
DocumentBuilder builder=factory.newDocumentBuilder();
```

(3) 解析一个 XML 文档，获得 Document 对象(根结点)。

```
Document document=builder.parse(String uri);
```

(4) 获取相应的结点，对结点进行处理。

4.3.3 应用举例

1. 遍历 XML

要遍历 XML，首先要解析 XML 文档并创建 Document 对象，然后通过调用 Node 接口提供的方法和属性即可获取各结点对象及子结点的相关信息。

【例 4.1】 创建 Java 程序，对于任意给定的 XML 文档，遍历并显示 XML 文档中的全部信息。

给定 XML 文档 student.xml 内容如下：

```
<?xml version="1.0" encoding="UTF-8"?>
```

```
<student-info>
    <student id="95001">
        <name>王明</name>
        <age>24</age>
        <address>青岛</address>
    </student>
    <student id="95002">
        <name>李刚</name>
        <age>24</age>
        <address>上海</address>
    </student>
</student-info>
```

对于上述 XML 文档,创建遍历代码 TraverseXML.java 如下:

```
public class TraverseXML {
    public static void main(String[] args) throws ParserConfigurationException,
            SAXException, IOException {
        //获得 DOM 解析器工厂(工厂的作用用于创建具体的解析器)
        DocumentBuilderFactory factory=DocumentBuilderFactory.newInstance();
        //获得具体的 DOM 解析器
        DocumentBuilder builder=factory.newDocumentBuilder();
        //解析一个 XML 文档,获得 Domcument 对象(根结点)
        Document doc=builder.parse("student.xml");
        //获取文档根元素
        Element root=doc.getDocumentElement();
        //调用 parseElement 的方法,解析 root 结点
        parseElement(root);
    }
    //采用递归方法,遍历指定结点及其所有后代结点。
    public static void parseElement(Node element) {
        String tagName=element.getNodeName();
        NodeList children=element.getChildNodes();
        System.out.print("<"+tagName);
        //获取结点的所有属性结点
        NamedNodeMap map=element.getAttributes();
        for (int i=0; i<map.getLength(); i++) {
            Attr attr=(Attr) map.item(i);
            String attrName=attr.getName();
            String attrValue=attr.getValue();
            System.out.print(" "+attrName+"=\""+attrValue+"\"");
        }
        System.out.print(">");
        //遍历该结点的所有子结点
        for (int i=0; i<children.getLength(); i++) {
```

```
                Node node=children.item(i);
                short nodeType=node.getNodeType();
                //处理元素结点
                if (nodeType==Node.ELEMENT_NODE) {
                    parseElement((Element) node);
                }
                //处理文本结点
                else if (nodeType==Node.TEXT_NODE) {
                    System.out.print(node.getNodeValue());
                }
            }
            System.out.print("</"+element.getNodeName()+">");
        }
    }
```

执行结果如图 4.2 所示。

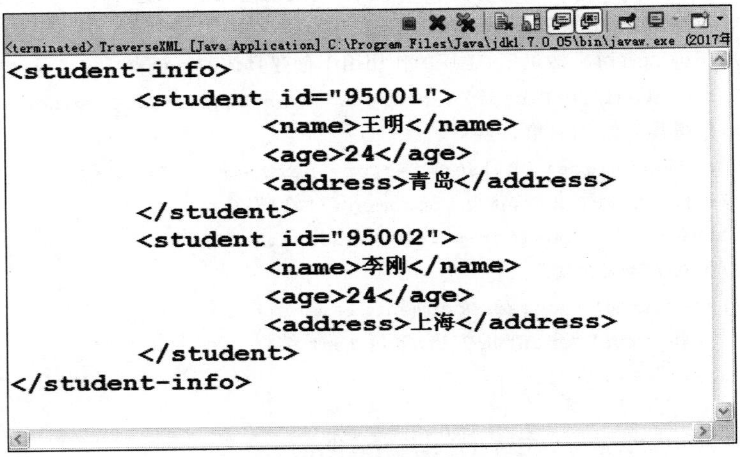

```
<terminated> TraverseXML [Java Application] C:\Program Files\Java\jdk1.7.0_05\bin\javaw.exe (2017年
<student-info>
        <student id="95001">
                <name>王明</name>
                <age>24</age>
                <address>青岛</address>
        </student>
        <student id="95002">
                <name>李刚</name>
                <age>24</age>
                <address>上海</address>
        </student>
</student-info>
```

图 4.2　DOM 遍历结果图

2. 创建 XML

通过 DOM 树,按照 XML 元素的层次结构,可以方便地创建 XML 文档。

【例 4.2】 编写 Java 程序,用于创建一个 XML 文档的 DOM 解析树,并将其保存为 XML 文档。

CreateXML.java 代码如下:

```
public class CreateXML {
    public static void main(String[] args) throws ParserConfigurationException,
            TransformerException {
        Document doc;
        Element students, student, name=null, address=null, age=null;
```

```
//获得 DOM 解析器工厂(工厂的作用用于创建具体的解析器)
DocumentBuilderFactory factory=DocumentBuilderFactory.newInstance();
//获得具体的 DOM 解析器
DocumentBuilder builder=factory.newDocumentBuilder();
//获取 Document 对象的一个新实例来生成一个 DOM 树
doc=builder.newDocument();
//如果创建的 DOM 树不空
if (doc !=null) {
    //创建 students 元素
    students=doc.createElement("student-info");
    //创建 student 元素
    student=doc.createElement("student");
    //设置 student 元素的属性 id 的值为 95001
    student.setAttribute("id", "95001");
    //将 student 元素添加为 students 的子元素
    students.appendChild(student);
    //创建 name 元素
    name=doc.createElement("name");
    //将一个文本结点添加为 name 的子结点
    name.appendChild(doc.createTextNode("王明"));
    //将 name 元素添加为 student 的子元素
    student.appendChild(name);
    age=doc.createElement("age");
    age.appendChild(doc.createTextNode("24"));
    student.appendChild(age);
    address=doc.createElement("address");
    address.appendChild(doc.createTextNode("青岛"));
    student.appendChild(address);
    //将 students 元素作为根元素添加到 XML 文档树中
    doc.appendChild(students);
    //创建 student 元素
    student=doc.createElement("student");
    //设置 student 元素的属性 id 的值为 95001
    student.setAttribute("id", "95002");
    //将 student 元素添加为 students 的子元素
    students.appendChild(student);
    //创建 name 元素
    name=doc.createElement("name");
    //将一个文本结点添加为 name 的子结点
    name.appendChild(doc.createTextNode("李刚"));
    //将 name 元素添加为 student 的子元素
    student.appendChild(name);
    age=doc.createElement("age");
    age.appendChild(doc.createTextNode("24"));
```

```
            student.appendChild(age);
            address=doc.createElement("address");
            address.appendChild(doc.createTextNode("上海"));
            student.appendChild(address);
            //将内存中的文档树保存为 student.xml 文档
            //建立 TransformerFactory 对象,得到转换器工厂实例
            TransformerFactory tfactory=TransformerFactory.newInstance();
            //获得具体的转换器
            Transformer transformer=tfactory.newTransformer();
            //设置换行
            transformer.setOutputProperty(OutputKeys.INDENT, "yes");
            //创建 DOMSource 对象
            DOMSource ds=new DOMSource(doc);
            //创建 StreamResult 对象,建立 DOM 对象与 XML 文档的关联
            StreamResult sr=new StreamResult(new File("student.xml"));
            //调用 Transformer 对象的 transform 方法生成 XML 文件
            transformer.transform(ds, sr);
        }
    }
}
```

执行上述代码会在项目目录下生成 student.xml 文档,其内容如图 4.3 所示。

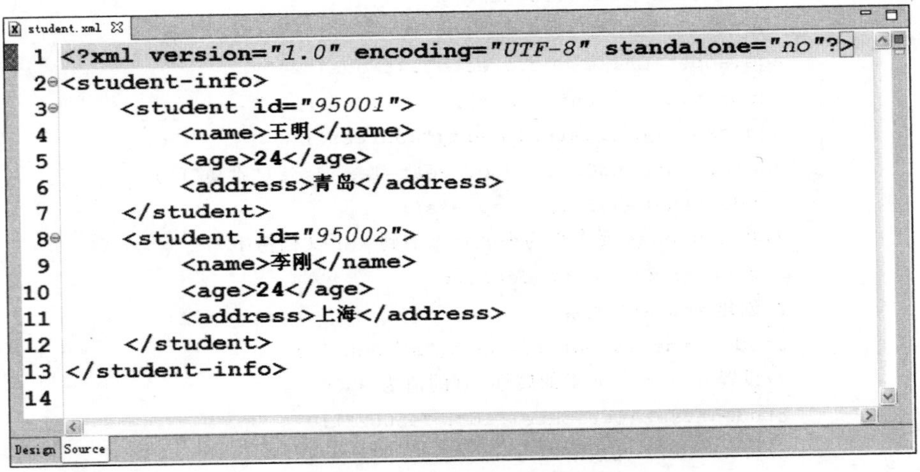

```
student.xml
<?xml version="1.0" encoding="UTF-8" standalone="no"?>
<student-info>
    <student id="95001">
        <name>王明</name>
        <age>24</age>
        <address>青岛</address>
    </student>
    <student id="95002">
        <name>李刚</name>
        <age>24</age>
        <address>上海</address>
    </student>
</student-info>
Design Source
```

图 4.3 CreateXML.java 的运行结果

在 Java 程序中转换 XML 文档的步骤如下。

(1) 建立 TransformerFactory 对象。

```
TransformerFactory tsf=TransformerFactory. newInstance();
```

(2) 建立 Transformer(转换器)对象。

```
Transformer ts=tsf.newTransformer();
```

(3) 创建 DOMSource 对象。

```
DOMSource ds=new DOMSource(doc);
```

(4) 创建 StreamResult 对象,建立 DOM 对象与 XML 文档的关联。

```
StreamResult sr=new StreamResult(new File("student.xml"));
```

(5) 调用 Transformer 对象的 transform 方法生成 XML 文档。

```
transformer.transform(ds, sr);
```

3. 修改 XML 文档

通过 DOM 树可以方便地对 XML 文档进行常规的操作,如添加结点、修改结点值或删除结点等。

【例 4.3】 编写 Java 程序,实现对 XML 文档元素进行插入、修改和删除操作。

```
public class UpdateXML {
    public static void main(String[] args) throws ParserConfigurationException,
            SAXException, IOException, TransformerException {
        Document doc;
        Element student, name=null, address=null, age=null;
        DocumentBuilderFactory factory=DocumentBuilderFactory.newInstance();
        DocumentBuilder builder=factory.newDocumentBuilder();
        doc=builder.parse("student.xml");
        Element root=doc.getDocumentElement();
        student=doc.createElement("student");
        student.setAttribute("id", "95003");
        root.appendChild(student);
        //创建 name 元素
        name=doc.createElement("name");
        //将一个文本结点添加为 name 的子结点
        name.appendChild(doc.createTextNode("赵六"));
        //将 name 元素添加为 student 的子元素
        student.appendChild(name);
        age=doc.createElement("age");
        age.appendChild(doc.createTextNode("25"));
        student.appendChild(age);
        address=doc.createElement("address");
        address.appendChild(doc.createTextNode("北京"));
        student.appendChild(address);
        NodeList nl=doc.getElementsByTagName("student");
        //将 id 值为 95001 的元素的 name 值修改为 Mike
        for (int i=0; i<nl.getLength(); i++) {
            Element node=(Element) nl.item(i);
            String value=node.getAttribute("id");
```

```
            if (value.equals("95001")) {
                Element oldChild=(Element)
                node.getElementsByTagName("name").item(0);
                name=doc.createElement("name");
                name.appendChild(doc.createTextNode("Mike"));
                node.replaceChild(name, oldChild);
                break;
            }
        }
        //删除 id 属性值为 95002 的元素的 address 子元素
        for (int i=0; i<nl.getLength(); i++) {
            Element node=(Element) nl.item(i);
            String value=node.getAttribute("id");
            if (value.equals("95002")) {
                Node nd=node.getElementsByTagName("age").item(0);
                node.removeChild(nd);
            }
        }
        TransformerFactory tfactory=TransformerFactory.newInstance();
        Transformer transformer=tfactory.newTransformer();
        transformer.setOutputProperty(OutputKeys.INDENT, "yes");
        DOMSource ds=new DOMSource(doc);
        StreamResult sr=new StreamResult(new File("student.xml"));
        transformer.transform(ds, sr);
    }
}
```

执行上述代码后，会在项目目录下生成 student.xml 文档，其内容如图 4.4 所示。

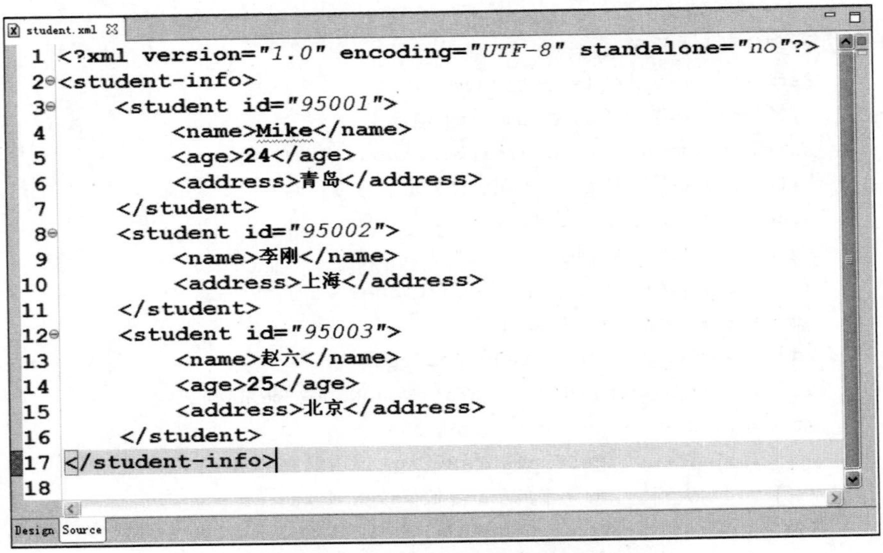

```
student.xml
<?xml version="1.0" encoding="UTF-8" standalone="no"?>
<student-info>
    <student id="95001">
        <name>Mike</name>
        <age>24</age>
        <address>青岛</address>
    </student>
    <student id="95002">
        <name>李刚</name>
        <address>上海</address>
    </student>
    <student id="95003">
        <name>赵六</name>
        <age>25</age>
        <address>北京</address>
    </student>
</student-info>

Design Source
```

图 4.4 UpdateXML.java 的运行结果

4.4 SAX解析XML

SAX，全称为 Simple API for XML，既是一种接口，也是一种软件包。它是一种XML解析的替代方法。SAX不同于DOM解析，它逐行扫描文档，一边扫描一边解析。由于应用程序只会在读取数据时检查数据，因此不需要将数据存储在内存中，这对于大型文档的解析是个巨大优势。

4.4.1 SAX实现机制

SAX是事件驱动的解析方式。当解析器发现元素、文本、文档的开始或结束等标记时，会触发相应的事件，开发者可以通过编写响应这些事件的代码来保存数据。实现了SAX API的XML解析器根据解析到的XML文档的不同特征产生相关事件。通过在Java代码中捕获这些事件，就可以写出由XML文档数据驱动的程序。

由于SAX是基于事件驱动顺序、层次化地分析XML文档，主要是对当前事件连续地处理，而不是全部文档都读入内存。因此它并不需要读入整个文档，所以SAX的解析过程与读入文档的过程是同时进行的。

4.4.2 SAX中的事件

SAX事件驱动的解析方式，当使用SAX分析器对XML文档进行分析时会触发一系列的事件，并激活相应的事件处理函数，应用程序通过这些事件处理函数实现对XML文档的访问。SAX解析器中主要有startDocument、startElement、characters、endDocument、endElement等事件。各种事件及其处理方法如下。

1. startDocument事件

startDocument事件表明SAX解析器发现XML文档的开始。该事件没有传递任何信息，只是表明解析器开始扫描XML文档。调用这个方法，可以在其中做一些预处理的工作。其声明的语法格式如下：

```
public void startDocument() throws SAXException
```

2. endDocument事件

endDocument事件表明SAX解析器发现XML文档的结尾。可以使用这个方法做一些善后的工作。其声明的语法格式如下：

```
public void endDocument() throws SAXException
```

3. startElement事件

startElement事件表明SAX解析器发现XML文档中一个元素的起始标签。该事件会返回该元素的名称、属性等信息。如果应用程序需要查找XML文档中某个元素的内容，该事件将会通知该元素何时开始。其声明的语法格式如下：

```
public void startElement(String uri, String localName, String qName,Attributes
attributes) throws SAXException
```

该事件处理程序包含以下4个参数。

- uri：命名空间URI，如果XML文档没有使用命名空间，该参数为空(null)；
- localName：元素本地名称(没有前缀)，如果XML文档没有使用命名空间，该参数为null；
- qName：元素限定名称，如果XML文档支持命名空间，则返回带有前缀的元素名称；
- attributes：包含该元素所有属性列表的对象，该对象提供了获取属性名称和属性值的方法。

4. endElement 事件

endElement事件表明SAX解析器发现XML文档中一个元素的结束标签。该事件会返回该元素的名称以及相关的命名空间等信息。其声明的语法格式如下：

```
public void endElement(String uri, String localName, String qName)
```

该事件处理程序包含以下3个参数。

- uri：命名空间URI，如果XML文档没有使用命名空间，该参数为空(null)；
- localName：元素本地名称(没有前缀)，如果XML文档没有使用命名空间，该参数为null；
- qName：元素限定名称，如果XML文档支持命名空间返回带有前缀的元素名称。

5. characters 事件

characters事件表明SAX解析器发现XML文档中一个元素的文本信息，返回的信息包括一个字符串数组、该数组的偏移量和一个长度变量，通过这3个变量就可以访问所需要处理的文本信息。其声明的语法格式如下：

```
public void characters(char[] ch, int start, int length) throws SAXException
```

该事件处理程序包含如下3个参数。

- ch：XML字符串构成的数组(每次根据缓冲区大小进行传递向后滚动)；
- start：当前字符串中第一个字符在ch中的位置；
- length：该事件中字符串的长度。

如图4.5所示为基于SAX应用程序的处理过程。

SAX解析器是应用程序和XML文档之间的软件，开发者编写的应用程序通过该解析器对XML文档作用。SAX解析器在遇到元素、文本、文档的开始或结束等内容时都会触发相应的事件。每触发一个事件就要调用相应的方法处理。各个事件随着解析的过程(也就是文档读入的过程)一个个按顺序被抛出,相应的方法也会被按顺序调用。最后,当解析完成,方法都被调用后,对文档的处理也就完成了。

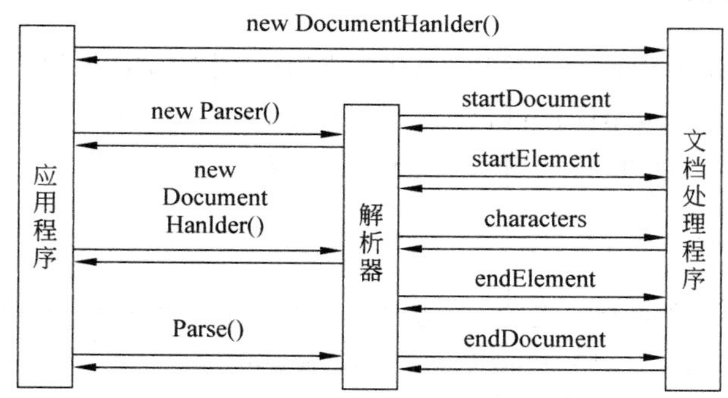

图 4.5　基于 SAX 应用程序的处理过程

4.4.3　Java SAX 的 API

1. SAXParserFactory

SAXParserFactory 类是 SAX 解析器工厂类,开发者要使用 SAX 操作 XML 文档,首先要建立一个解析器工厂实例,以便利用这个工厂类实例来获取一个具体的解析器对象(SAXParser),其功能与 DOM 中的 DocumentBuilderFactory 类相同。

通过调用 SAXParserFactory 的静态方法 newInstance()来创建 SAXParserFactory 类的新实例,代码如下:

```
SAXParserFactory factory=SAXParserFactory.newInstance();
```

newInstance()方法为静态方法,如果该方法无法实例化则抛出 FactoryConfigurationError 异常。

2. SAXParser

SAXParser 是解析器类,其内部封装 XMLReader(包装器),并通过定义多种形式的 parse()方法解析来自文件、输入流、URL 中的 XML,并把解析事件报告给特定的处理器(DefaultHandler)。当获得一个解析器工厂类实例后,使用它的静态方法 newSAXParser()将可以获得一个 SAXParser 对象,代码如下:

```
SAXParser parser=factory.newSAXParser();
```

其中,factory 为解析器工厂类实例。上述代码如果不能创建 DocumentBuilder 实例,那么会抛出 ParserConfigurationException 异常。

3. DefaultHandler

类 DefaultHandler 实现了 4 个核心 SAX2 处理器接口(ContentHandler、ErrorHandler、

DTDHandler、EntityResolver)中的所有回调,该类需要开发者自行继承,并实现“感兴趣”的方法。

4. ContentHandler

ContentHandler为内容处理接口,当遇到XML文档中的标签时,就会调用这个接口中的startDocument()、startElement()、endDocument()、endElement()方法;当遇到XML文档中的元素内容时,将调用characters()方法。

5. ErrorHandler

ErrorHandler为错误处理接口,当遇到不同类型错误的时候分别调用相应的错误处理方法,这些方法包括error()、fatalError()、warning()。

6. DTDHandler

DTDHandler为DTD处理接口,该接口所定义的方法只用于处理DTD信息。

7. EntityResolver

EntityResolver接口中的resolveEntity()方法只有在遇到URI标识数据的时候才被调用。

4.4.4 SAX编程

使用SAX处理XML文档的主要任务是创建一个实现ContentHandler接口的类,以将分析XML文档时所发生的SAX事件分发给处理程序的回调接口。为了方便,也可以继承DefaultHandler适配器类,该类实现了ContentHandler接口的方法。使用SAX处理XML文档的一般步骤如下。

(1) 实现ContentHandler接口并填写“感兴趣”的事件代码(也可以继承DefaultHandler类,该类实现了ContentHandler接口)。

(2) 获得SAXParserFactory实例。

(3) 由SAXParserFactory获得SAXParser实例。

(4) 调用SAXParser实例的parse()方法,此时需给出“XML源”和一个DefaultHandler实现类的实例。

4.4.5 应用举例

1. SAX处理演示

【例4.4】 创建Java程序,演示使用SAX处理给定XML文档的过程及SAX事件的触发过程。

给定XML文档tables.xml内容如下:

```
<?xml version="1.0" encoding="UTF-8"?>
<tables xmlns:fruit="http:/www.mxxxb.com/fruit" xmlns:furniture="http:/www.
mxxxb.com/furniture">
    <fruit:table border="1.0" align="center">
        <fruit:tr>
            <fruit:td>苹果</fruit:td>
            <fruit:td>葡萄</fruit:td>
        </fruit:tr>
    </fruit:table>
    <furniture:table>
        <furniture:name>餐桌</furniture:name>
        <furniture:width>80</furniture:width>
        <furniture:length>120</furniture:length>
    </furniture:table>
</tables>
```

对于上述XML文档,创建演示代码SAXExample.java如下:

```
public class SAXExample {
    public static void main(String[] args) throws ParserConfigurationException,
            SAXException, IOException {
        //创建SAX解析器工厂对象
        SAXParserFactory factory=SAXParserFactory.newInstance();
        factory.setNamespaceAware(true);     //设置解析器的属性
        //通过工厂对象创建SAX解析器对象
        SAXParser parser=factory.newSAXParser();
        //SAX在解析时,利用parse()方法来解析相应的文档,后面添加一个
          DefaultHandler对象,如果解析的过程触发了事件,就将该事件发送给
          DefaultHandler对象事件处理器,事件处理器会根据解析器发送事件的种类调用
          不同的方法进行处理
        parser.parse(new File("tables.xml"), new MyHandler());
    }
}
//实现ContentHandler接口并填写相应的事件处理代码
class MyHandler extends DefaultHandler {
    //文档开始事件处理方法
    public void startDocument() throws SAXException {
        System.out.println("文档开始");
    }
    //文档结束事件处理方法
    public void endDocument() throws SAXException {
        System.out.println("文档结束");
    }
    //元素开始事件处理方法
    public void startElement(String uri, String localName, String qName,
            Attributes attributes) throws SAXException {
        System.out.println("元素开始");
```

```
            System.out.println("uri:"+uri);
            System.out.println("localName:"+localName);
            System.out.println("qName:"+qName);
            if (attributes.getLength() >0) {
                System.out.print("attributes:");
                for (int i=0; i<attributes.getLength(); i++) {
                    System.out.print(attributes.getQName(i)+"="
                            +attributes.getValue(i)+" ");
                }
                System.out.println();
            }
        }
        //文本事件处理方法
        public void characters(char[] ch, int start, int length) throws SAXException {
            //System.out.println(ch);
            String str=new String(ch, start, length);
            if (str.trim().length() >0) {
                System.out.println("str:"+str);
            }
        }
        //元素结束事件处理方法
        public void endElement(String uri, String localName, String qName)
                throws SAXException {
            System.out.println("元素结束");
            System.out.println("uri:"+uri);
            System.out.println("localName:"+localName);
            System.out.println("qName:"+qName);
        }
    }
```

图 4.6 列出了 SAX 解析 XML 文档的过程。

```
文档开始
元素开始
uri:
localName:tables
qName:tables
元素开始
uri:http://www.myweb.com/fruit
localName:table
qName:fruit:table
attributes:border=1.0  align=center
元素开始
uri:http://www.myweb.com/fruit
localName:tr
qName:fruit:tr
元素开始
uri:http://www.myweb.com/fruit
localName:td
qName:fruit:td
str:苹果
元素结束
uri:http://www.myweb.com/fruit
localName:td
qName:fruit:td
元素开始
uri:http://www.myweb.com/fruit
localName:td
qName:fruit:td
str:葡萄
元素结束
元素结束
uri:http://www.myweb.com/fruit
localName:td
qName:fruit:td
元素结束
uri:http://www.myweb.com/fruit
localName:tr
qName:fruit:tr
元素结束
uri:http://www.myweb.com/fruit
localName:table
qName:fruit:table
元素开始
uri:http://www.myweb.com/furniture
localName:table
qName:furniture:table
元素开始
uri:http://www.myweb.com/furniture
localName:name
qName:furniture:name
str:餐桌
元素结束
uri:http://www.myweb.com/furniture
localName:name
qName:furniture:name
元素开始
uri:http://www.myweb.com/furniture
localName:width
qName:furniture:width
str:80
元素结束
uri:http://www.myweb.com/furniture
localName:width
qName:furniture:width
元素开始
uri:http://www.myweb.com/furniture
localName:length
qName:furniture:length
str:120
元素结束
uri:http://www.myweb.com/furniture
localName:length
qName:furniture:length
元素结束
uri:http://www.myweb.com/furniture
localName:table
qName:furniture:table
元素结束
uri:
localName:tables
qName:tables
文档结束
```

图 4.6 SAX 解析 XML 文档的过程

解析器在调用 parse()方法的过程中触发事件时，会将事件发送给事件处理器，事件处理器会根据解析器发送事件的种类调用不同的方法进行处理。表 4.7 列出了在解析上述 XML 文档时依次被调用的方法。

表 4.7 SAX 解析过程调用的方法

事 件	调 用 方 法	发现的数据
文档开始	startDocument()	发现 XML 文件
元素开始	startElement()	tables 的开始标记：<tables>
元素开始	startElement()	table 的开始标记：<fruit:table>
元素开始	startElement()	tr 的开始标记：<fruit:tr>
元素开始	startElement()	td 的开始标记：<fruit:td>
文本	characters()	td 元素间的文本内容：苹果
元素结束	endElement()	td 的结束标记：</fruit:td>
元素开始	startElement()	td 的开始标记：<fruit:td>
文本	characters()	td 元素间的文本内容：葡萄
元素结束	endElement()	td 的结束标记：</fruit:td>
元素结束	endElement()	tr 的结束标记：</fruit:tr>
元素结束	endElement()	table 的结束标记：</fruit:table>
元素开始	startElement()	table 的开始标记：<furniture:table>
元素开始	startElement()	name 的开始标记：<furniture:name>
文本	characters()	name 元素间的文本内容：餐桌
元素结束	endElement()	name 的结束标记：</furniture:name>
元素开始	startElement()	width 的开始标记：<furniture:width>
文本	characters()	width 元素间的文本内容：80
元素结束	endElement()	width 的结束标记：</furniture:width>
元素开始	startElement()	length 的开始标记：<furniture: length>
文本	characters()	length 元素间的文本内容：120
元素结束	endElement()	length 的结束始标记：</furniture: length>
元素结束	endElement()	table 的结束标记：</furniture: table>
元素结束	endElement()	tables 的结束标记：</tables>
文档结束	endDocument()	XML 文件结束

2. 遍历 XML

【例 4.5】 创建 Java 程序,演示使用 SAX 遍历 XML 文档的过程。

给定 XML 文档 student.xml 内容如下:

```
<?xml version="1.0" encoding="UTF-8" standalone="no"?>
<student-info>
    <student id="95001">
        <name>王明</name>
        <age>24</age>
        <address>青岛</address>
    </student>
    <student id="95002">
        <name>李刚</name>
        <age>24</age>
        <address>上海</address>
    </student>
</student-info>
```

对于上述 XML 文档,创建演示代码 SAXTraverse.java 如下:

```
public class SAXTraverse {
    public static void main(String[] args) {
        SAXParserFactory factory=SAXParserFactory.newInstance();
        factory.setNamespaceAware(true);
        try{
            SAXParser parse=factory.newSAXParser();
            parse.parse(new File("student.xml"),new MyHandler1());
        }
        catch(Exception e){
            e.printStackTrace();
        }
    }
}
class MyHandler1 extends DefaultHandler{
    @Override
    public void startElement(String uri, String localName, String qName,
            Attributes attributes) throws SAXException {
        System.out.print("<"+qName);
        for(int i=0;i<attributes.getLength();i++){
            System.out.print(" "+attributes.getQName(i)+"=\""+attributes.
            getValue(i)+"\"");
        }
        System.out.print(">");
    }
```

```
    @Override
    public void endElement(String uri, String localName, String qName)
            throws SAXException {
        System.out.print("</"+qName+">");
    }
    @Override
    public void characters(char[] ch, int start, int length)
            throws SAXException {
        String str=new String(ch,start,length);
            System.out.print(str);
    }
}
```

图4.7列出了SAX遍历XML文档的处理结果。

```
<student-info>
        <student id="95001">
                <name>王明</name>
                <age>24</age>
                <address>青岛</address>
        </student>
        <student id="95002">
                <name>李刚</name>
                <age>24</age>
                <address>上海</address>
        </student>
</student-info>
```

图4.7 SAX遍历XML文档处理结果

3. 统计文档标签个数

【例4.6】 创建Java程序,演示使用SAX统计XML文档标签个数。

给定XML文档student.xml内容如下:

```
<?xml version="1.0" encoding="UTF-8" standalone="no"?>
<student-info>
    <student id="95001">
        <name>王明</name>
        <age>24</age>
        <address>青岛</address>
    </student>
    <student id="95002">
        <name>李刚</name>
        <age>24</age>
        <address>上海</address>
    </student>
</student-info>
```

对于上述XML文档,创建演示代码SAXCounter.java如下:

```
public class SAXCounter extends DefaultHandler{
    HashMap<String,Integer>tags=new HashMap<String,Integer>();
    public static void main(String[] args) {
        //创建 SAX 解析器工厂对象
        SAXParserFactory factory=SAXParserFactory.newInstance();
        factory.setNamespaceAware(true);
        try{
            //通过工厂对象创建 SAX 解析器 SAXParser 对象
            SAXParser saxParser=factory.newSAXParser();
            //使用 parse()方法加载 XML 文档,把实现了 DefaultHandler 的实例对象装入
            //到解析器中
            saxParser.parse(new File("student.xml"), new SAXCounter());
        }
        catch(Exception e){
            e.printStackTrace();
        }
    }
    @Override
    //对每一个开始元素进行处理
    public void startElement(String uri, String localName, String qName,
            Attributes attributes) throws SAXException {
        //获得标签的名称字符串
        String key=qName;
        //识别在 HashMap 中是否有该同名的标签存在,如果是新发现的标签,这时在 HasnMap
        //中添加一条新的记录;如果以前记录过,得到其计数值并加 1
        Integer value=tags.get(key);
        if(value==null){
            tags.put(key,1);
        }
        else{
            value=value+1;
            tags.put(key,value);
        }
    }
    @Override
    //解析完成后的统计工作
    public void endDocument() throws SAXException {
        Set<Map.Entry<String,Integer>>set=tags.entrySet();
        for(Map.Entry<String,Integer>entry:set){
            String key=entry.getKey();
            Integer value=entry.getValue();
            System.out.println("标签"+key+"出现了"+value+"次");
        }
    }
}
```

图 4.8 列出了统计标签数的执行结果。

```
标签student出现了2次
标签address出现了2次
标签age出现了2次
标签name出现了2次
标签student-info出现了1次
```

图 4.8 统计标签数的执行结果

4.5 SAX和DOM技术比较

Java 语言解析 XML 文档时通常会使用 SAX 和 DOM 两种解析器，这两种解析器都有各自的优缺点。下面分别从访问速度、重复访问的效果、内存要求、数据修改、复杂程度以及适用情况 6 个方面对它们进行比较。

1. 访问速度

SAX 解析器按照顺序解析 XMl 文档，无须一次装入整个 XML 文档，因此它的访问速度相对较快。而 DOM 需要一次性转入整个 XML 文档，并且将 XML 文档转换为 DOM 结点树，因此访问速度较慢。

2. 重复访问效果

由于 SAX 解析器按照顺序解析 XML 文档，它不会保存已经访问的数据，因此不适合进行重复访问。如果需要进行重复访问，那么需要再次使用 SAX 对 XML 文档进行解析。DOM 解析器将 XML 文档转换成 DOM 结点树后，在整个解析过程中 DOM 会常驻内存中，非常适合重复访问，效率高。

3. 内存要求

SAX 解析器不会保存已经访问的数据，内存占用率非常低，也可以说 SAX 解析器对内存没有什么要求。在整个解析过程中 DOM 结点树会常驻内存，因此它对内存的要求高，而且内存的占用率较大。

4. 数据修改

SAX 解析器只能读取 XML 文档中元素结点的内容，但是不能对这些内容进行修改。DOM 在解析 XML 文档时要灵活得多，它不仅可以读取结点的内容，还可以对这些内容进行修改。

5. 复杂程度

SAX 采用事件处理机制进行解析，SAX 解析器只负责触发事件，程序则负责监听所有事件，并且通过事件获取XML文档中的信息。DOM解析器完全采用面向对象的编程思想进行解析，将整个XML文档转换为DOM结点树后，以面向对象的方式来操作各个结点对象。

6. 适用情况

一般情况下，对于解析比较大的XML文档，使用SAX解析器更具有优势，对于解析较小的XML文档，特别是那些需要重复读取内容的XML文档，使用DOM解析器更具有优势。开发者一般采用DOM解析器创建XML文档，使用SAX解析器访问文档中的数据，但是如果要对数据进行修改，或者需要随机对文档进行访问，应该采用DOM解析器。

4.6 本章小结

- 主要有DOM和SAX两种解析XML文档的方式。
- DOM定义了访问和处理XML文档的标准方法。
- 在DOM中，将XML逻辑结构描述成树(DOM树)
- XML中共有12种结点类型，其中最常见的结点类型有5种：文档、元素、属性、文本和解释。
- DOM是文档驱动的，不适于处理大型XML文件。
- SAX是Simple API for XML的缩写。
- SAX不是W3C的推荐标准，是开源的产物。
- SAX基于流式处理，不需要读入整个文档，而是边解析边处理。
- SAX解析器中主要有5种事件：startDocument、startElement、characters、endDocument、endElement。
- SAXParserFactory类是SAX解析器工厂类，开发者通过该工厂类实例来获得一个具体的解析器对象(SAXParser)。
- DefaultHandler是SAX事件的核心处理类，该类实现了4个核心SAX2处理器接口。
- ErrorHandler接口是SAX的错误处理接口。

第5章 chapter 5

WSDL 与 UDDI

本章学习目标

- 理解 WSDL 的作用
- 熟悉 WSDL 的文档结构
- 掌握 WSDL 的文档元素
- 了解 UDDI 的作用
- 了解 UDDI 的实现机制
- 了解 UDDI 的数据结构
- 了解 UDDI 的 API
- 理解 WSDL 到 UDDI 数据结构的映射

5.1 WSDL 概述

WSDL(Web Service Description Language,Web 服务描述语言)是一种用来描述 Web 服务功能特征的语言。2001 年 3 月,WSDL 1.1 被 IBM、Microsoft 公司作为一个 W3C 记录(W3C note)提交到有关 XML 协议的 W3C XML 活动,用于描述网络服务。2002 年 7 月,W3C 发布了第一个 WSDL 1.2 工作草案。WSDL 描述了 Web 服务的接口和语义等信息,Web 服务的使用者可以通过 WSDL 了解这个 Web 服务支持哪些功能调用,以及如何调用这些功能,进而可以向这个 Web 服务发送 SOAP(或其他协议类型)请求,最终使用这个 Web 服务。

5.1.1 WSDL 的基本概念

Web 服务是一种定义在 Web 上的对象,Web 服务的开发者需要对服务的调用方式进行某种结构化的说明,以便服务的调用者能够正确地使用这些服务。WSDL 就是专门用来描述 Web 服务的一种语言,其规定了一套基于 XML 的语法,能够提供以下关于 Web 服务的 4 个方面的重要信息。

- 描述服务功能的信息；
- 描述这些功能的传入(请求)和传出(响应)消息的类型信息；
- 描述服务的协议绑定信息；
- 描述用户查找特定服务的地址信息。

WSDL 将 Web 服务定义为端口的集合，一个端口代表一个服务访问点。WSDL 把服务访问点和消息的抽象化描述与具体的服务部署和数据格式的绑定分离，从而使对服务的抽象定义可以方便地重用。

WSDL 文档包含以下 8 个关键的构成元素。

1. <definitions>

<definitions>元素是 WSDL 文档的根元素，用来定义 Web 服务的名称，并声明 WSDL 中使用的命名空间。

2. <types>

<types>元素用于描述 Web 服务与调用者之间传递消息时所使用的数据类型。WSDL 支持任何类型的系统，默认采用 XML Schema 类型系统。

3. <message>

<message>元素是 Web 服务与调用者之间传递的消息的逻辑定义。一个消息可能包含多个部分，每一部分用<part>元素表示，可以使用<types>元素中定义的数据类型来定义每个<part>元素类型。

4. <operation>

<operation>元素是 Web 服务中所支持的操作的抽象定义。通常一个<operation>元素描述一个服务访问点的请求/响应消息对。

5. <portType>

<portType>元素是某个访问点所支持的所有操作的抽象定义。

6. <binding>

<binding>元素定义了特定<portType>元素定义的操作和消息的格式、协议之间的绑定。

7. <port>

<port>元素定义了 Web 服务的绑定地址。

8. <service>

<service>元素描述了相关的服务访问点的集合。

其中，<types>元素、<message>元素、<operation>元素和<protType>元素描述了调用 Web 服务的抽象定义，它们与具体 Web 服务部署细节无关，这些抽象定义是可以重用的，相当于 IDL 描述的对象接口标准。但是这些抽象定义的对象到底用哪种语言实现，遵从什么平台的细节规范，被部署在什么机器上则是由<binding>元素、<port>元素和<service>元素所描述的。

<service>元素描述的是服务所提供的所有访问入口的部署细节。一个服务可以包含多个服务访问入口<port>元素（<port>元素描述的是一个服务访问入口的部署细节，port＝url＋bingding）。调用模式则使用<binding>元素来表示，<binding>元素定义了某个<portType>元素与某一种具体的网络传输或消息传输协议的绑定（binding＝portType＋具体传输协议和数据格式规范）。在这一层中，描述的内容就与具体服务的部署相关了。

WSDL 被设计成与语言和平台无关的一种描述语言，其可被用于描述任何语言实现的、部署在任何平台上的 Web 服务。

5.1.2 一个简单的 WSDL 实例

【例 5.1】 一个提供 IP 地址来源的 Web 服务的 WSDL 文档，其代码如下：

```
<?xml version="1.0" encoding="UTF-8"?>
<wsdl:definitions xmlns:wsdl="http://xxxs.xmlsoap.org/wsdl/" targetNamespace=
"http://WebXml.com.cn/" xmlns:xsd="http://www.wxxx3.org/2001/XMLSchema"
xmlns:tns="http://Wxxxl.com.cn/" xmlns:soap="http://sxxxs.xmlsoap.org/wsdl/
soap/">
<!--这部分是服务的抽象定义,包括对<types>、<message>、<operation>和<portType>等
元素的定义-->
    <wsdl:types>
        <xsd:schema targetNamespace="http://Wxxxl.com.cn/" elementFormDefault=
        "qualified">
            <xsd:element name="getCountryCityByIp">
                <xsd:complexType>
                    <xsd:sequence>
                        <xsd:element name="theIpAddress" type="xsd:string"
                        maxOccurs="1" minOccurs="0"/>
                    </xsd:sequence>
                </xsd:complexType>
            </xsd:element>
            <xsd:element name="getCountryCityByIpResponse">
                <xsd:complexType>
                    <xsd:sequence>
                        <xsd:element name="getCountryCityByIpResult" type=
                        "tns:ArrayOfString" maxOccurs="1" minOccurs="0"/>
                    </xsd:sequence>
                </xsd:complexType>
            </xsd:element>
```

```
            <xsd:complexType name="ArrayOfString">
                <xsd:sequence>
                    <xsd:element name="string" type="xsd:string" maxOccurs=
                    "unbounded" minOccurs="0" nillable="true"/>
                </xsd:sequence>
            </xsd:complexType>
            <xsd:element name="ArrayOfString" type="tns:ArrayOfString"
            nillable="true"/>
            <xsd:element name="string" type="xsd:string" nillable="true"/>
        </xsd:schema>
    </wsdl:types>
    <wsdl:message name="getCountryCityByIpSoapIn">
        <wsdl:part name="parameters" element="tns:getCountryCityByIp"/>
    </wsdl:message>
    <wsdl:message name="getCountryCityByIpSoapOut">
        <wsdl:part name="parameters"
        element="tns:getCountryCityByIpResponse"/>
    </wsdl:message>
    <wsdl:portType name="IpAddressSearchWebServiceSoap">
        <wsdl:operation name="getCountryCityByIp">
            <wsdl:input message="tns:getCountryCityByIpSoapIn"/>
            <wsdl:output message="tns:getCountryCityByIpSoapOut"/>
        </wsdl:operation>
    </wsdl:portType>
<!--这部分将服务的抽象定义与SOAP/HTTP绑定,描述如何通过SOAP/HTTP来访问前面描述
的访问入口。其中规定了在具体SOAP调用时,应当使用的soapAction是http://Wxxxl.
com.cn/getCountryCityByIp-->
    <wsdl:binding name="IpAddressSearchWebServiceSoap" type="tns:
    IpAddressSearchWebServiceSoap">
        <soap:binding transport="http://sxxxs.xmlsoap.org/soap/http"/>
        <wsdl:operation name="getCountryCityByIp">
            <soap:operation style="document" soapAction="http://Wxxxl
            .com.cn/getCountryCityByIp"/>
            <wsdl:input>
                <soap:body use="literal"/>
            </wsdl:input>
            <wsdl:output>
                <soap:body use="literal"/>
            </wsdl:output>
        </wsdl:operation>
    </wsdl:binding>
<!--这部分是具体的Web服务的定义。在这个名为IpAddressSearchWebService的Web服
务中,提供了一个服务访问入口,访问的地址是"http://www.wxxxl.com.cn/WebServices/
IpAddressSearchWebService",使用的消息模式是由前面的<binding>元素所定义的,访问
入口和<binding>元素一起构成一个端口。-->
    <wsdl:service name="IpAddressSearchWebService">
        <wsdl:port name="IpAddressSearchWebServiceSoap"
        binding="tns:IpAddressSearchWebServiceSoap">
            <soap:address location="http://www.wxxxl.com.cn/WebServices/
```

```
            IpAddressSearchWebService "/>
      </wsdl:port>
     </wsdl:service>
</wsdl:definitions>
```

5.2 WSDL 文档结构

WSDL 是一种用于描述 Web 服务的 XML 语言，它以一种结构化的方式将 Web 服务描述为一组对消息进行操作的网络端点，并将服务定义为网络终端或端口的集合。在 WSDL 中，抽象定义与具体的网络部署或数据绑定是分开的，这样就可以重用抽象定义。WSDL 没有引入新的类型定义语言，而是把 XML Schema 当作它的类型系统。另外，WSDL 也允许通过扩展使用其他类型定义语言。

在 WSDL 文档中，<types>元素、<message>元素、<part>元素、<operation>元素和<protType>元素描述了 Web 服务的抽象接口。<protType>元素本质上是一个抽象接口(类似于 Java 接口定义)，由<operation>元素和<message>元素定义组成。每一个<message>元素定义描述了消息的有效信息，这些消息既可以是由 Web 服务向外发送的消息，也可以是它所接收的消息。消息由<part>元素表示了一个类型的实例。通过<protType>元素可以声明<operation>元素，每一个<operation>元素都包含了许多<message>元素定义，这些<message>元素定义描述了它的输入输出参数以及任何出错的情况。其具体关系如图 5.1 所示。

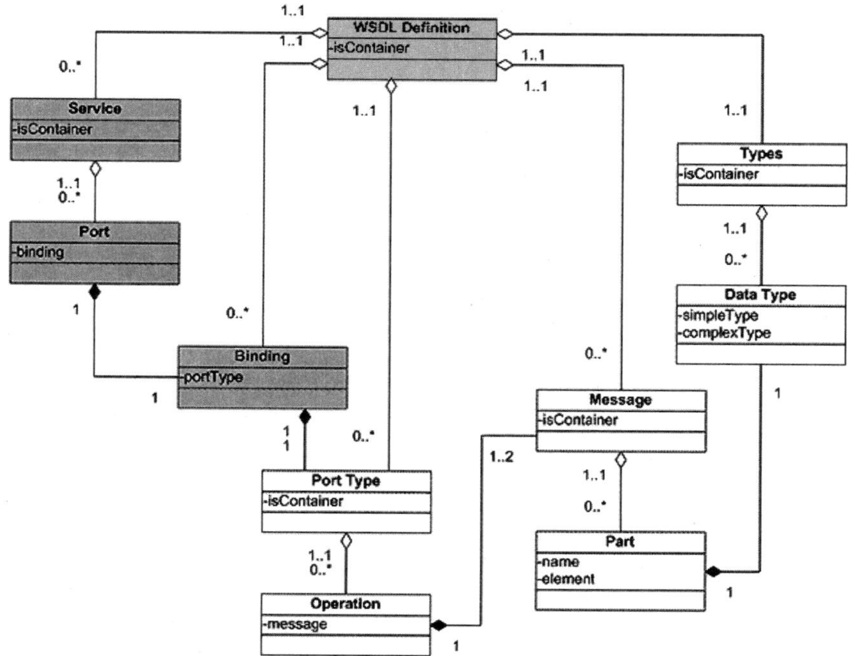

图 5.1 WSDL 文档结构中主要元素之间的关系

1. <definitions>

<definitions>元素用来定义WSDL文档的名称，并且引入需要的XML命名空间。下面的代码是一个<definitions>元素的结构：

```
<wsdl:definitions xmlns:wsdl="http://sxxxs.xmlsoap.org/wsdl/" targetNamespace=
"http://Wxxxl.com.cn/" xmlns:xsd=" http://www.wxxx3.org/2001/XMLSchema"
xmlns:tns="http://Wxxxl.com.cn/" xmlns:soap="http://sxxxs.xmlsoap.org/wsdl/
soap/">
```

上述代码中声明了3个必需的命名空间WSDL、SOAP和XSD；targetNamespace指定了WSDL文档中出现的新元素与属性的命名空间，xmlns:tns=" http://Wxxxl.com.cn/"指定了这个命名空间的前缀为tns。

2. <types>

<types>(类型)元素规定了与消息相关的数据类型的定义。为了获得最大程度的平台中立性，WSDL使用XML Schema语法来定义数据类型。这些数据类型用来定义Web服务方法的参数和返回值。下面的代码是一个<types>元素的结构：

```
<wsdl:types>
    <xsd:schema targetNamespace="http://Wxxxl.com.cn/" elementFormDefault=
    "qualified">
        <xsd:element name="getCountryCityByIp">
            <xsd:complexType>
                <xsd:sequence>
                    <xsd:element name="theIpAddress" type="xsd:string"
                    maxOccurs="1" minOccurs="0"/>
                </xsd:sequence>
            </xsd:complexType>
        </xsd:element>
        <xsd:element name="getCountryCityByIpResponse">
            <xsd:complexType>
                <xsd:sequence>
                    <xsd:element name="getCountryCityByIpResult" type="tns:
                    ArrayOfString" maxOccurs="1" minOccurs="0"/>
                </xsd:sequence>
            </xsd:complexType>
        </xsd:element>
        <xsd:complexType name="ArrayOfString">
            <xsd:sequence>
                <xsd:element name="string" type="xsd:string" maxOccurs=
                "unbounded" minOccurs="0" nillable="true"/>
            </xsd:sequence>
```

```
        </xsd:complexType>
        <xsd:element name="ArrayOfString" type="tns:ArrayOfString"
        nillable="true"/>
        <xsd:element name="string" type="xsd:string" nillable="true"/>
    </xsd:schema>
</wsdl:types>
```

上述代码中，使用<types>元素定义了 getCountryCityByIp 和 getCountryCityByIpResponse 两个复杂类型，其中 getCountryCityByIp 包含一个子元素 theIpAddress，表示要查询的 IP 地址的具体信息；getCountryCityByIpResponse 包含一个子元素 getCountryCityByIpResult，表示得到的 IP 的城市信息。

3. <message>

<message>(消息)元素定义了传递的消息的数据结构。一个<message>元素由一个或多个<part>(消息片段)元素构成，<part>元素可以使用<types>元素中定义的元素类型。下面的代码是一个<message>元素的结构：

```
<wsdl:message name="getCountryCityByIpSoapIn">
    <wsdl:part name="parameters" element="tns:getCountryCityByIp"/>
</wsdl:message>
<wsdl:message name="getCountryCityByIpSoapOut">
    <wsdl:part name="parameters" element="tns:getCountryCityByIpResponse"/>
</wsdl:message>
```

上述代码中，定义了 getCountryCityByIpSoapIn 和 getCountryCityByIpSoapOut 两个<message>元素，分别代表后续的 getCountryCityByIp 操作的输入和输出消息。<message>元素包含的<part>元素是操作的参数和返回值的名称和类型，即 getCountryCityByIpSoapIn 消息定义了 getCountryCityByIp 操作的输入参数名为 parameters，类型为 getCountryCityByIp；getCountryCityByIpSoapOut 消息定义了 getCountryCityByIp 操作的返回值名称为 parameters，类型为 getCountryCityByIpResponse。如果操作使用多个参数或多个返回值，则<message>元素中可以定义多个<part>元素。

4. <portType>

<portType>(端口类型)元素定义了 Web 服务的抽象接口。该接口类似 Java 的接口，都是定义了一个抽象类型和方法，没有定义实现。一个<portType>中可以定义多个<operation>，一个<operation>可以看作是一个方法。下面的代码是一个<portType>元素的结构：

```
<wsdl:portType name="IpAddressSearchWebServiceSoap">
    <wsdl:operation name="getCountryCityByIp">
        <wsdl:input message="tns:getCountryCityByIpSoapIn"/>
```

```
        <wsdl:output message="tns:getCountryCityByIpSoapOut"/>
    </wsdl:operation>
</wsdl:portType>
```

上述代码中<portType>元素定义了服务的调用模式的类型，这里包含一个操作getCountryCityByIp方法，同时包含<input>元素和<output>元素表明该操作是一个请求/响应模式，请求消息是前面定义的getCountryCityByIpSoapIn消息，响应消息是前面定义的getCountryCityByIpSoapOut消息。

WSDL支持以下4种类型的操作。

One-way：单向操作，此类型的操作可以接收消息，但不会返回响应，通常由一个<input>元素定义。

Request-response：请求/响应操作，此类型的操作可以接收请求消息并返回响应消息，通常由一个<input>元素和一个<output>元素定义，还可以包含一个可选的<fault>元素，用于定义错误消息的抽象数据格式。

Solicit-response：恳求/响应操作，此类型的操作可以接收请求消息并接收响应消息，通常由一个<input>元素和一个<output>元素定义，还可以包含一个可选的<fault>元素，用于定义错误消息的抽象数据格式。

Notification：通知操作，此类型的操作可以发送消息，通常由一个<output>元素定义。

5. <binding>

<binding>(绑定)元素将一个抽象的<portType>元素映射到一组具体的协议(SOAP或者HTTP)、消息传递样式(RPC或者document)以及编码样式(literal或者SOAP encoding)。<binding>元素有两个属性：name属性和type属性。name属性定义<binding>元素的名称，type属性指向用于<binding>元素的端口<types>元素、<message>元素和<portType>元素标签处理抽象的数据内容，而<binding>元素标签把前3部分的抽象定义具体化。下面的代码是一个<binding>元素的结构：

```
<wsdl:binding name="IpAddressSearchWebServiceSoap" type="tns:
IpAddressSearchWebServiceSoap">
    <soap:binding transport="http://sxxxs.xmlsoap.org/soap/http"/>
    <wsdl:operation name="getCountryCityByIp">
        <soap:operation style="document" soapAction="http://Wxxxl.com.cn/
        getCountryCityByIp"/>
        <wsdl:input>
            <soap:body use="literal"/>
        </wsdl:input>
        <wsdl:output>
            <soap:body use="literal"/>
        </wsdl:output>
    </wsdl:operation>
</wsdl:binding>
```

在上述代码中，使用了SOAP命名空间下的<soap:binding>、<soap:operation>和<soap:body>这3个元素完成了绑定。

<soap:binding>元素指定了用于传输SOAP消息的Internet协议以及operation缺省的消息类型（RPC还是文档类型），transport="http://sxxxs.xmlsoap.org/soap/http"表示采用的是HTTP的传输方式，不同的值代表不同的传输方式，如HTTPS、SMTP、FTP等。

style="document"表示消息类型是面向文档（document）的。在面向RPC的通信中，消息包含参数和返回值；在面向文档的通信中，消息包含文档，文档的格式没有限制，通常应该是消息的发送者和接收者达成一致的XML文档。

<soap:operation>元素指定了消息传递样式以及SOAPAction字段的值。

<soap:body>元素有四个属性use、namespace、part和encodingStyle，对于WS-I use的属性值必须是literal，意味着不是用编码的方式，所以永远不会用到encodingStyle属性，在RPC样式中，必须用一个有效的URI指定的namespace属性。此URI可以与WSDL文档的targetNampspce相同；而在document样式中不能使用namespace，XML文档样式的命名空间派生于它的XML文档。

6. <service>

<service>元素包含一个或者多个<port>元素，其中每个<port>元素表示一个不同的Web服务。<port>元素将URL赋给一个特定的<binding>元素，甚至可以使两个或者多个<port>元素将不同的URL赋值给相同的<binding>元素。下面的代码是一个<service>元素的结构：

```
<wsdl:service name="IpAddressSearchWebService">
    <wsdl:port name="IpAddressSearchWebServiceSoap" binding="tns:
    IpAddressSearchWebServiceSoap">
        <soap:address location="http://www.wxxxl.com.cn/WebServices/
        IpAddressSearchWebService "/>
    </wsdl:port>
</wsdl:service>
```

使用<port>元素定义了一个地址，因为在<binding>元素中使用了SOAP的绑定方式，所有<port>元素中使用元素<soap:address location="http://www.wxxxl.com.cn/WebServices/IpAddressSearchWebService"/>指定了服务的地址为“http://www.wxxxl.com.cn/WebServices/IpAddressSearchWebService”。

5.3 WSDL绑定

在WSDL中，绑定指的是将协议、数据格式与<message>元素、<operation>元素、<portType>元素等抽象实体进行关联的过程。WSDL支持的4种操作类型（单向、请求/响应、恳求/响应、通知)都是抽象的定义,而绑定描述了这些抽象概念的具体关联。因此,必须为特定的操作类型定义绑定才能够成功执行该类型的操作。

WSDL 允许在 WSDL 命名空间定义的元素中使用用户自定义的元素,这些元素称为扩展元素。扩展元素为 WSDL 提供了强大的扩展机制,WSDL 规范中定义了 3 种绑定扩展:SOAP 绑定、HTTP GET POST 绑定和 MIME 绑定,其中 SOAP 绑定是最常见的一种方式。

WSDL1.1 针对 SOAP1.1 定义了绑定扩展,在例 5.1 中一个提供 IP 地址来源的 Web 服务的 WSDL 文档中就使用了 SOAP 绑定,关于 SOAP 绑定的代码如下:

```
<wsdl:binding name="IpAddressSearchWebServiceSoap" type="tns:
IpAddressSearchWebServiceSoap">
    <soap:binding transport="http://sxxxs.xmlsoap.org/soap/http"/>
    <wsdl:operation name="getCountryCityByIp">
        <soap:operation style="document" soapAction="http://Wxxxl.com.cn/
        getCountryCityByIp"/>
        <wsdl:input>
            <soap:body use="literal"/>
        </wsdl:input>
        <wsdl:output>
            <soap:body use="literal"/>
        </wsdl:output>
    </wsdl:operation>
</wsdl:binding>
```

上述代码中,使用了 SOAP 命名空间的<soap:binding>、<soap:operation>、<soap:body>这 3 个元素完成了绑定。

<soap:binding>元素规定了采用 SOAP 协议格式的绑定,该元素不提供有关消息格式或编码的信息,但是只要服务使用 SOAP 绑定,就必须声明此元素。

<soap:binding>元素的 style 属性指定了绑定的操作是面向 RPC 还是面向文档(document)的。在面向 RPC 的通信中,消息包含参数和返回值;在面向文档的通信中,消息包含文档,文档的格式没有限制,通常应该是消息的发送者和接收者达成一致的 XML 文档。

<soap:binding>元素的 transport 属性指定了 SOAP 的传输类型,如上述代码中的 transport 属性值 http://sxxxs.xmlsoap.org/soap/http 代表了 HTTP 传输。不同的值可以代表不同类型的传输,如 SMTP、FTP 等。

<soap:operation>元素定义了 SOAP 操作,其中 soapAction 属性指定了 SOAP 消息报头值。

<soap:body>元素定义了抽象的<part>元素在 SOAP 消息中的具体外观。其中 use 属性指定了消息片段使用特定的编码规则还是已定义的具体模式,对应值为 encoded 和 literal。

5.4 UDDI 概述

要调用一个 Web 服务需要几方面的信息。首先要找到满足需要的 Web 服务，还需要了解传送请求的模式，即如何调用这个 Web 服务。而 Web 是一个不固定的环境，新的 Web 服务在持续增加，旧的 Web 服务在不断删除，已有的 Web 服务调用方式可能会随时发生变化，所以客观上需要在 Web 服务的发布者和调用者之间建立一种便于查找和发布的机制。UDDI 规范为解决这些问题提供了一种途径，Web 服务的发布者可以将其注册到注册中心，而 Web 服务调用者可以从注册中心查找到需要的 Web 服务进行调用。

UDDI(Universal Description、Discovery and Integration，统一描述、发现和集成)是一种基于 Web 的分布式的 Web 服务信息注册中心的实现规范，即一种目录服务，企业可以通过它对 Web 服务进行注册和检索。UDDI 技术是 SOAP 和 WSDL 之外的另一项 Web 服务的核心技术。UDDI 可以使提供 Web 服务的企业注册服务信息，从而使企业的合作伙伴或潜在的客户能够发现并访问这些 Web 服务，也可以使企业发现其他企业提供的服务，以便扩展潜在的业务伙伴关系。通俗地讲，UDDI 相当于 Web 服务的一个公共注册表，可以理解成电子商务应用与服务的网络黄页。因此，UDDI 为企业提供了跨入新市场和服务的机会，使任何规模的企业都能更为迅速地在全球市场中拓展业务。

5.4.1 UDDI 注册中心

UDDI 规范的实现方案称为 UDDI 注册中心，UDDI 注册中心分为公共和私有两种。

公共的 UDDI 注册中心基于 Internet，面向全球企业，任何人都可以在 Internet 上查询或发布商业服务信息。公共注册中心通常包含多个结点，结点之间采用对等网络进行通信，各个结点同步复制了注册信息，因此访问任何一个结点都可以获得与访问其他结点相同的信息。

私有的 UDDI 注册中心由一个组织或一组协作的组织操作，信息只限于组织内成员之间共享。私有的 UDDI 注册中心可以添加更多的安全性控制，以保证 Web 服务注册信息的安全，防止未经授权的用户进行访问。

UDDI 注册中心的数据可以分为以下 3 类：白页，企业的基本信息，如企业的名称、地址、联系方式、税号等；黄页，根据企业的业务类别来划分的信息类别；绿页，具体描述企业发布的 Web 服务的行为和功能等。

UDDI 注册中心本身也是一个 Web 服务，用户可以使用 UDDI 规范中定义的 SOAP API 查询注册信息。

5.4.2 UDDI 数据结构

UDDI 注册中心存储的信息以 XML 形式表示，称为 UDDI 数据结构，UDDI 规范中定义了这些数据结构的含义以及彼此之间的关系。UDDI 的使用者需要处理的就是这些数据结构，可以使用这些数据结构以及相关的API来处理UDDI注册中心的信息，对UDDI注册中心的信息搜索结果也是使用这些数据结构来表达，所以UDDI数据结构实际上是UDDI编程API的输入输出参数。

UDDI数据结构主要包括下列5种元素。

- <businessEntity>元素表示商业实体。包含企业的主要信息，如名称、联系方式、根据特定分类法的企业类别、与其他商业实体的关系和特定业务的说明等。
- <publisherAssertion>元素表示与其他商业实体的业务关系。比如业务伙伴关系或客户/供应商的关系等。除非双方商业实体都声明了这个业务关系，否则这个业务关系是不对外公开的。
- <businessService>元素表示业务服务。这些服务可以是Web服务或其他任何类型的服务。<businessService>元素和<bindingTemplate>元素共同构成了"绿页"信息。一个<businessEntity>元素包含一个或多个<businessService>元素，同时一个<businessService>元素可以被多个<businessEntity>元素使用。
- <bindingTemplate>元素表示绑定模板。其中包含了指向特定Web服务的URL和这个Web服务的相关技术规范说明。当用户需要调用某个特定的Web服务时，必须依据<bindingTemplate>元素中的信息，这样才能保证调用被正确执行。一个<businessService>元素包含了一个或多个<bindingTemplate>元素。
- <tModel>元素表示技术模型。其中包含了Web服务的分类法或调用规范的引用。一个<bindingTemplate>元素包含了一个或多个<tModel>元素的引用。

除上述5个UDDI核心元素外，还有以下两个辅助数据结构<identifierBag>元素和<categoryBag>元素用来表示主数据结构的标识信息和类别。

- <identifierBag>元素使<businessEntity>元素和<tModel>元素包含常见的标识信息，如税号等，这是一个可选的元素，但是如果标识了<identifierBag>元素，可以极大提高查询API的搜索能力。
- <categoryBag>元素可根据任何分类机制对<businessEntity>元素、<businessService>元素和<tModel>元素进行分类，这是一个可选的元素，但是如果标识了<categoryBag>元素，可以极大提高查询API的搜索能力。

UDDI的一个重要功能是可以对数据进行分类，这有助于提高搜索效率。UDDI的<businessEntity>元素、<businessService>元素和<tModel>元素可以包含<categoryBag>子元素，都包含了分类信息。UDDI内置支持以下三种业务标准分类系统。

- NAICS：北美工业分类系统(North American Industry Classification System)。
- UNSPSC：通用标准产品和服务分类(Universal Standard Products and Services Classification)。
- ISO3166：基于地理位置的标准分类系统。

5.4.3 UDDI API

UDDI 规范定义了查询和发布两类 API,可用于与 UDDI 注册中心结点进行通信,这些 API 都是基于 XML 的。

1. 查询 API

查询 API 主要用来从 UDDI 注册中心查找 Web 服务的相关信息,由使用 UDDI Schema 定义的 XML 消息构成。UDDI 用户可以使用这些 API 检索存储在注册中心的信息,查询不需要身份验证。通过下列函数可以查找 UDDI 注册中心的信息。

- <find_business>用于查找商业实体 businessEntity 信息,返回一个<businessList>元素结构,其中包含若干个<businessInfo>元素结构。
- <find_relatedBusinesses>用于查找与指定企业有关系的其他企业的信息,返回一个<relatedBusinessesList>元素结构,其中包含若干<relatedBusinessesInfo>元素结构。
- <find_service>用于查找指定企业的服务,返回一个<serviceList>元素结构,其中包含若干<serviceInfo>元素结构。
- <find_binding>用于指定服务的绑定信息,返回一个<bindingDetail>元素结构。
- <find_tModel>用于查找 tModel 信息,返回一个<tModelList>元素结构,其中包含若干<tModelInfo>元素结构。

如果需要 UDDI 注册中心提供更详尽的信息,可使用下列 API。

- <get_businessDetail>用于获得指定商业实体的<businessEntity>元素信息,返回<businessDetail>元素结构。
- <get_businessDetailExt>用于获得指定商业实体的扩展<businessEntity>元素信息,返回<businessDetailExt>元素结构。
- <get_serviceDetail>用于获得指定服务的<businessService>元素信息,返回<serviceDetail>元素结构。
- <get_bindingDetail>用于获得指定绑定的<bindingTemplate>元素信息,返回<bindingDetail>元素结构。
- <get_tModelDetail>用于获得指定的<tModel>元素信息,返回<tModelDetail>元素结构。

以 get_xxx 方式命名的函数可用于查找<businessEntity>、<businessService>、<bindingTemplate>和<tModel>等主要数据结构的详细信息。

2. 发布 API

发布 API 用来对 UDDI 注册中心的数据进行添加、修改和删除。将信息发布到 UDDI 注册中心需要进行身份验证,UDDI 规范没有规定身份验证的机制,这取决于 UDDI 的具体实现,通常使用 HTTPS 协议来传递发布调用的请求和响应信息。

通过下列函数可以向UDDI注册中心发布信息。

- <get_authToken>用于向UDDI注册中心请求一个身份验证令牌。调用发布API中的任何函数，都需要有效的身份验证令牌。返回一个代表令牌的<authToken>元素结构。
- <discard_authToken>用于通知UDDI注册中心结点丢弃与当前会话关联的活动的身份验证令牌，相当于注销。返回一个包含执行错误或成功信息的<dispositionReport>元素结构。
- <get_registeredInfo>用于获得由该用户管理的全部<businessEntity>元素、<tModel>元素文档的列表。返回一个<registerInfo>元素结构。
- <get_publisherAssertions>用于获得该用户发布的<publisherAssertions>元素结构的列表。返回一个<publisherAssertions>元素结构。
- <set_publisherAssertions>用于将<publisherAssertions>元素作为响应的一部分返回，其中包含替换<publisherAssertions>元素结构的集合。返回一个<publisherAssertions>元素结构。
- <add_publisherAssertions>用于添加一个或多个<publisherAssertions>元素结构。返回一个包含执行错误或成功信息的<dispositionReport>元素结构。
- <get_assertionStatusReport>用于返回该用户或其他用户创建的全部<publisherAssertions>元素列表。返回一个<assertionStatusReport>元素结构。
- <save_business>用于添加或更新<businessEntity>元素结构。返回一个<businessDetail>元素结构。
- <delete_business>用于删除<businessEntity>元素结构。与该<businessEntity>元素结构关联的<businessService>元素、<bindingTemplate>元素、<publisherAssertions>元素会被同时删除。返回一个包含执行错误或成功信息的<dispositionReport>元素结构。
- <save_service>用于添加或更新<businessService>元素结构。返回一个<serviceDetail>元素结构。
- <delete_service>用于删除<businessService>元素结构。返回一个包含执行错误或成功信息的<dispositionReport>元素结构。
- <save_binding>用于添加或更新<bindingTemplate>元素结构。返回一个<bindingDetail>元素结构。
- <delete_binding>用于删除<bindingTemplate>元素结构。返回一个包含执行错误或成功信息的<dispositionReport>元素结构。
- <save_tModel>用于添加或更新<tModel>元素结构。返回一个<tModelDetail>元素结构。
- <delete_tModel>用于删除<tModel>元素结构。返回一个包含执行错误或成功信息的<dispositionReport>元素结构。

5.5 本章小结

- WSDL是专门用来描述Web服务的一种语言。
- WSDL文档包含8个关键的构成元素：<definitions>、<types>、<message>、<operation>、<portType>、<binding>、<port>和<service>。
- WSDL绑定指的是将协议、数据格式与<message>元素、<operation>元素、<portType>元素等抽象实体进行关联的过程。
- WSDL绑定SOAP是最常见的绑定方式。
- UDDI是一种基于Web的分布式的Web服务信息注册中心的实现规范。
- UDDI注册中心的数据分为白页、黄页、绿页。
- UDDI数据结构主要包括<businessEntity>、<publisherAssertion>、<businessService>、<bindingTemplate>和<tModel>5种元素。
- UDDI规范定义了查询和发布两类API，可用于与UDDI注册中心结点进行通信。
- WSDL和UDDI的数据结构具有映射关系。

第 6 章 chapter 6

SOAP

本章学习目标

- 了解 SOAP 的应用背景
- 掌握 SOAP 的消息结构
- 掌握常用的 JAXM 元素
- 了解 SOAP 的链接方式
- 掌握 SOAP 客户端的实现方式
- 掌握 SOAP 服务器端的实现方式

6.1 SOAP 概述

随着 Web 服务技术的出现，企业将可以利用主流应用开发工具和互联网应用服务器来进行应用程序间的通信。企业可以更快、更廉价地提供更多的可用服务，从而推动业务的电子化。为了解决在异构基础设施上运行的专有系统的问题，Web 服务需要依赖 SOAP。SOAP 是一个基于 XML 的通信协议。利用它在两台计算机之间交换信息，无须考虑这两台计算机的操作系统、编程环境或对象模型框架。

基于 SOAP 的 Web 服务一般是用 SOAP 通过 HTTP 来调用，其实 SOAP 就是一个 WSDL 文档。开发人员可以通过阅读 WSDL 文档来使用这个 Web 服务。开发人员根据 WSDL 描述文档，编写一个调用 Web 服务的客户端代码，最终会生成一个 SOAP 请求消息。Web 服务都是放在 Web 服务器(如 IIS)的目录下面的，开发人员生成的 SOAP 请求会被嵌入在一个 HTTP POST 请求中发送到 Web 服务器。Web 服务器再把这些请求转发给 Web 服务请求处理器。请求处理器的作用在于解析收到的 SOAP 请求，调用 Web 服务，然后生成相应的 SOAP 应答。Web 服务器得到 SOAP 应答后，会再通过 HTTP 应答的方式把它送回到客户端。

6.1.1 SOAP 介绍

SOAP(Simple Object Access Protocol，简单对象访问协议)是 Web 服务消息传输协

议的标准，是基于XML的简易协议，可以使应用程序使用HTTP进行信息交换。或者更简单地说，SOAP是用于访问网络服务的协议。打个比方，在Web服务中传递的东西是一封信，SOAP就是信的通用格式，它定义了一封信应该有信封(Envlope)，信封里装着信的内容，信封的格式是固定的，而信的内容(要传递的数据)可以由开发人员自己定义。

SOAP基于XML和XSD标准，其定义了一套编码规则，该规则定义如何将数据表示为消息，以及怎样通过HTTP来传输SOAP消息。SOAP主要由以下4部分组成。

- SOAP信封。定义了一个框架，该框架描述了消息中的内容是什么，包括消息的内容、发送者、接收者、处理者以及如何处理等消息。
- SOAP编码规则。定义了一种序列化的机制，用于交换应用程序所定义的数据类型的实例。
- SOAP RPC表示。定义了用于表示远程过程调用和应答的协定。
- SOAP绑定。定义了一种使用底层传输协议来完成在结点间交换SOAP信封的约定。

SOAP消息基本上是从发送端到接收端的单向传输，它们常常结合起来执行类似于请求/应答的模式。不需要把SOAP消息绑定到特定的协议，SOAP可以运行在任何其他传输协议(HTTP、SMTP、FTP等)上。另外，SOAP提供了标准的RPC方法来调用Web服务，以请求/响应模式运行。

6.1.2 SOAP消息结构

SOAP定义了基于XML的消息规则和机制，可用于实现应用程序之间的通信，更重要的是SOAP采用了XML Schema和命名空间等XML语法与标准作为其消息结构的组成部分。所有的SOAP消息都使用XML编码，一条SOAP消息就是一个普通的XML文档。该文档包含下列元素。

- <Envelope>(信封)元素，必选，可把此XML文档标识为一条SOAP消息。
- <Header>(报头)元素，可选，包含头部信息。
- <Body>(主体)元素，必选，包含所有的调用和响应信息。
- <Fault>元素，位于Body内，可选，提供有关处理此消息所发生错误的信息。
- attachment(附件)元素，可选，可通过添加一个或多个附件扩展SOAP消息。

具体的文档结构如下所示：

```
<?xml version="1.0" encoding="UTF-8"?>
<soap:Envelope xmlns:soap="http://sxxxs.xmlsoap.org/soap/envelope/"
soap:encodingStyle="http://sxxxs.xmlsoap.org/soap/encoding/">
    <soap:Header>
        <!--报头定义 -->
    </soap:Header>
    <soap:Body>
```

```
            <!--消息体定义 -->
            <soap:Fault>
                <!--相关错误信息处理 -->
            </soap:Fault>
        </soap:Body>
</soap:Envelope>
```

SOAP 虽然是 XML 文档，但其编写需要满足如下语法规则：

- SOAP 消息必须用 XML 来编码；
- SOAP 消息必须使用 SOAP Envelope 命名空间；
- SOAP 消息必须使用 SOAP Encoding 命名空间；
- SOAP 消息不能包含 DTD 引用；
- SOAP 消息不能包含 XML 处理指令。

6.2 SOAP 元素

1. SOAP Envelope

SOAP Envelope(信封)元素是 SOAP 消息结构的主要容器，也是 SOAP 消息的根元素，它必须出现在每个 SOAP 消息中，用于把此 XML 文档标识为 SOAP 消息。在 SOAP 中，使用 XML 命名空间将 SOAP 标识符与应用程序的特定标识符区分开，将 SOAP 消息的元素的作用域限制在一个特定的领域。下述代码描述了 SOAP 的一个空信封：

```
<soap:Envelope xmlns:soap="http://sxxxs.xmlsoap.org/soap/envelope/"
soap:encodingStyle="http://sxxxs.xmlsoap.org/soap/encoding/">
```

上述代码中的 SOAP 信封不包含<Body>元素，所以不是一个有效的 SOAP 消息，但是它说明了 SOAP 消息中有关命名空间的重要一点：SOAP 命名空间由该信封定义为具有“http://sxxxs.xmlsoap.org/soap/envelope/”的 URI 和“soap”前缀。这是因为按照 SOAP1.1 规范，SOAP 消息中的所有元素必须由这个特定的命名空间进行限定。SOAP 的 encodingStyle 属性用于定义在文档中使用的数据类型。此属性可以出现在任何 SOAP 元素中，并会被应用到元素的内容及元素的所有子元素上。

SOAP Envelope 元素的语法规则介绍如下：

- 元素名为 Envelope，该元素必须在 SOAP 消息中作为根元素出现；
- 该元素可以包含命名空间声明和额外的属性，如果声明额外的属性，必须使用命名空间修饰；
- <Envelope>元素可以包含额外的子元素，但必须使用命名空间修饰并且跟在 SOAP Body 元素之后。

2. SOAP Header

SOAP Header(报头)元素作为 SOAP Envelope 的第一个直接子元素,它必须使用有效的命名空间。<Header>元素还可以包含 0 个或多个可选的子元素,这些子元素称为 Header 项,所有 Header 项都必须是完整修饰的,即必须由一个命名空间 URI 和局部名组成,不允许没有命名空间修饰的 Header 项存在。

Header 元素用于与消息一起传输附加消息,如身份验证或事物信息。Header 元素也可以包含某些属性。SOAP 在默认的命名空间中定义了三个属性:actor、mustUnderstand 以及 encodingStyle。这些被定义在 SOAP 头部的属性可以通过容器对 SOAP 消息进行处理。

(1) actor 属性

actor 属性将<Header>元素寻址到一个特定的接收者。通过沿着消息路径经过不同的端点,SOAP 消息可从某个发送者传播到特定接收者。并非 SOAP 消息的所有部分均打算传送到 SOAP 消息的最终端点,也可能传送给消息路径上的一个或多个端点。SOAP 的 actor 属性可被用于将<Header>元素寻址到一个特定的端点。

(2) mustUnderstand 属性

mustUnderstand 属性指明消息的接收方对 SOAP 报头的处理是否是必需的。mustUnderstand 属性可用于标识标题项对于要对其进行处理的接收者来说,是强制的还是可选的。假如向 Header 元素的某个子元素添加了 mustUnderstand="1",则它可指示处理此头部的接收者必须认可此元素。假如此接收者无法认可此元素,则在处理此头部时必须失效。

(3) encodingStyle 属性

encodingStyle 属性指明 Header 项的编码风格。

下面的 SOAP 信封中包含一个可忽略身份验证的消息报头:

```
<soap:Header>
    <auth:UserID xmlns:auth="http://www.fxxxt.com" soap:mustUnderstand="1"
    soap:actor="http://www.wxxxl.com.cn/appml">
        Admin
    </auth:UserID>
</soap:Header>
```

在该消息报头中,使用前缀"auth"和 URI"http://www.fxxxt.com"定义了新命名空间的附加元素。这样的命名空间可以由任何人进行定义,本例中的实际元素名(UserID)表明它包含身份验证信息。如果消息的接收者理解<UserID>元素的意思(在已定义的命名空间内),应该处理该元素(例如承认 Admin 是一个经过身份验证的用户名)。如果消息的接收者不知道如何处理该元素,则可以忽略。

3. SOAP Body

SOAP Body 元素作为子元素包含在 SOAP 信封中,SOAP1.1 规范规定一条消息中必须有一个或多个 SOAP Body。SOAP Body 元素可以包含预计传送到消息最终端点的实际 SOAP 消息。

在 SOAP 消息中，所有的<Body>元素必须是 SOAP Envelope 元素的直接子元素。若该消息中包含<Header>元素，则<Body>元素必须直接跟随<Header>元素作为兄弟元素；若<Header>元素不出现，则它必须是<Envelope>元素的第一个直接子元素。

所有<Body>元素的直接子元素都称为 Body 项，Body 项都必须是<Body>元素的直接子元素，Body 项必须由命名空间修饰。Body 项自身可以包含下级子元素，但这些子元素不是 Body 项，而是 Body 项的内容。

下面代码显示一个消息主体，该主体表示用于从 www.fxxxt.com 获取苹果(Apples)的价格信息的 RPC 调用：

```
<soap:Body>
    <m:GetPrice xmlns:m="http://www.fxxxt.com/prices">
        <m:Item>Apples</m:Item>
    </m:GetPrice>
</soap:Body>
```

注意：上面的<GetPrice>元素和<Item>元素使用了"http://www.fxxxt.com/prices"命名空间，它们是应用程序的专用元素，并不是 SOAP 标准的一部分。

对于上述请求，SOAP 响应可能如下：

```
<soap:Body>
    <m:GetPriceResponse xmlns:m="http://www.fxxxt.com/prices">
        <m:price>1.9</m:price>
    </m:GetPriceResponse>
</soap:Body>
```

4. SOAP Fault 元素

可选的 SOAP Fault 元素用于指示错误消息。如果已经提供了<Fault>元素，则它必须是<Body>元素的子元素。在一条 SOAP 消息中，<Fault>元素只能出现一次。

SOAP 的<Fault>元素拥有的子元素如表 6.1 所示。

表 6.1 <Fault>元素的子元素

子 元 素	描 述
<faultcode>	供识别故障的代码
<faultstring>	可供阅读的有关故障的说明
<faultactor>	有关是谁引发故障的信息
<detail>	存留涉及<Body>元素的应用程序专用错误信息

在下面定义的 faultcode 值必须用于描述错误时的<faultcode>元素中，faultcode 的

取值情况如表 6.2 所示。

表 6.2　faultcode 的取值情况表

错误信息	描　述
VersionMismatch	SOAP Envelope 元素的无效命名空间被发现
MustUnderstand	<Header>元素的一个直接子元素(带有设置为"1"的 mustUnderstand 属性)无法被理解
Client	消息被不正确地构成或包含了不正确的信息
Server	服务器有问题,因此处理无法进行下去

例如,下面代码演示了如何在 SOAP 消息中表示 SOAP Fault:

```
<?xml version="1.0" encoding="UTF-8"?>
<soap:Envelope xmlns:soap="http://sxxxs.xmlsoap.org/soap/envelope"
soap:encodingStyele="http://sxxxs.xmlsoap.org/soap/encoding/">
    <soap:Body>
        <soap:Fault>
            <faultcode>soap:MustUnderstand</faultcode>
            <faultstring>Header element missing</faultstring>
            <faultactor>http://www.fxxxt.com/prices</faultactor>
            <detail>
                <fruit:error xmlns:fruit="http://www.fxxxt.com/prices">
                    <problem>The Fruit name missing</problem>
                </fruit:error>
            </detail>
        </soap:Fault>
    </soap:Body>
</soap:Envelope>
```

6.3 SOAP 消息交换模型

SOAP 消息交换是从发送方到接收方的一种传输方法。从本质上说,SOAP 是一种无状态(stateless)协议,它提供复合的单向消息交换框架,以便在称为 SOAP 结点的 SOAP 应用程序之间传输 XML 文档。

1. SOAP 结点

SOAP 结点表示 SOAP 消息路径的逻辑实体,用于执行消息路由或消息处理。SOAP 结点既可以是 SOAP 消息的发送者,也可以是 SOAP 消息的接收者,还可以是 SOAP 消息发送方和接收方之间的 SOAP 消息中介。

在 SOAP 消息交换模型中,中间方为一种 SOAP 结点,负责提供发送消息的应用程序和接收消息的应用程序之间的消息交换和协议路由功能。中间方结点驻留在发送结点和接收结点之间，负责处理SOAP消息头中定义的部分消息。SOAP发送方和接收方之间可以有0个或多个SOAP中间方，它们为SOAP接收方提供分布式处理机制，如图6.1所示。

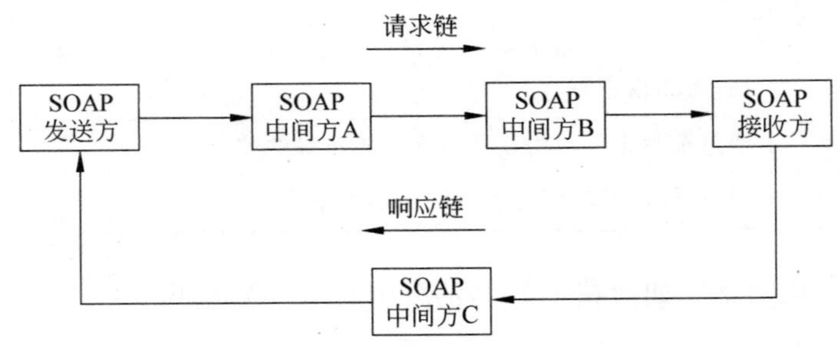

图6.1 SOAP消息交换模型

图6.1描述了发送方、接收方以及中间方齐全的完整消息交换模型实例。该实例中，消息源于发送方，经中间方A和B发送到接收方，从而形成了一条请求链。然后，响应消息从发送方（请求链的接收方）经中间方C发送回接收方（请求链的发送方），从而形成响应链。

2. SOAP actor 属性

一条SOAP消息从发送方发送到接收方的过程中，可能沿着消息路径经过一系列SOAP中间结点，SOAP中间结点是可以接收、转发SOAP消息的应用程序，中间结点和接收方由URL区分。SOAP消息的接收方可能并不需要消息的所有部分，而在消息路径上的一个或多个中间结点却可能需要这些内容。头元素的接收者扮演的角色类似于一个过滤器，防止这些只发送给本地接收者的消息部分扩散到其他结点，即一个头元素的接收者必须不能转发这些头元素到SOAP消息路径上的下一个应用程序。SOAP actor属性可以用于指示头元素的接收者，它的值是一个URI，用于将SOAP接收方结点的名称标识为最终目标位置。

例如：

```
<?xml version="1.0" encoding="UTF-8"?>
<soap:Envelope xmlns:soap="http://sxxxs.xmlsoap.org/soap/envelope/"
soap:encodingStyle="http://sxxxs.xmlsoap.org/soap/encoding/">
    <soap:Header>
        <auth:UserID xmlns:auth="http://www.fxxxt.com" soap:mustUnderstand="1"
        soap:actor="http://www.wxxxl.com.cn/appml">
        </auth:UserID>
    </soap:Header>
    <soap:Body>
        <m:GetPrice xmlns:m="http://www.fxxxt.com/prices">
```

```
        <m:Item>Apples</m:Item>
      </m:GetPrice>
    </soap:Body>
</soap:Envelope>
```

3. SOAP 消息处理

SOAP 消息从发送方到接收方是单向传送的，但正如上文所述，SOAP 消息经常以请求/响应的方式实现。SOAP 实现可以通过开发特定网络系统的特性来优化。例如，HTTP 绑定使 SOAP 应答消息以 HTTP 应答的方法传输，并使用同一个连接返回请求。不管 SOAP 被绑定到哪个协议，SOAP 消息都会采用所谓的“消息路径”发送，这使得在终结点（接收者）之外的中间结点都可以处理消息。一个接收 SOAP 消息的 SOAP 应用程序必须按顺序执行以下的动作来处理消息。

- 识别应用程序需要处理的 SOAP 消息的所有内容。
- 检验应用程序是否支持第一步中识别的消息的所有内容并处理它，如果不支持，则丢弃消息。
- 在不影响处理结果的情况下，处理器可能忽略第一步中识别出的可选部分。如果这个 SOAP 应用程序不是这个消息的最终目的地，则在转发消息前删除第一步中识别出来的所有部分。

关于 SOAP 消息处理有以下特点和规定。

- 如果定位到 SOAP 结点的 SOAP 条目有 soap:mustUnderstand="1"，如果没有被结点理解，则产生一个 SOAP mustUnderstand 错误，且必须停止进行下一步的处理。
- 如果没有定义 soap:mustUnderstand="1"，那么 SOAP 结点可以不处理或忽略该 SOAP 条目。如果一个 SOAP 条目被处理，那么这个 SOAP 结点必须理解该 SOAP 条目，而且必须以与该 SOAP 条目说明完全一致的样式进行处理。对于错误的处理，也必须和 SOAP 条目的说明一致。
- 如果 SOAP 结点是 SOAP 中间方，SOAP 消息的样式和处理的结果可以沿着 SOAP 消息路径以同样的顺序继续传递，该传递过程包括来自 SOAP 发送方的所有 SOAP Header 项和 SOAP Body 项。但那些指向 SOAP 中间方的 SOAP Header 项必须被删除。传递过程中，附加的 SOAP Header 项可以插入到 SOAP 消息中。

6.4 SOAP 应用模式

1. 请求/响应模式

请求/响应模式常用于电子商务交易。该模型中，发送方会将一个或多个文档封装在一个请求消息中,然后发送给接收方。接收方处理该消息的内容后响应发送方。请求/响应模式需要通过"请求/响应"消息特性来实现,如图6.2所示。

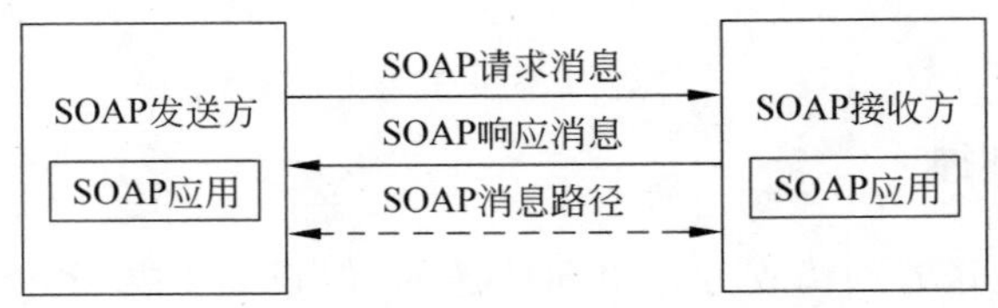

图6.2 请求/响应模式

2. 多消息异步响应模式

多消息异步响应模式类似于请求/响应模式,不同的是应用程序以异步方式向服务器(接收方)发送请求消息,该请求消息在SOAP服务器中产生0个或多个响应消息并传回客户端(发送方)。这种模式常常在被请求的消息无法被一个完整提供而又要保证较好的系统性能的场合下使用,如图6.3所示。

图6.3 多消息异步响应模式

3. 单向模式

单向模式也称为fire-and-forget,最初源于军事术语,指武器被发射出去以后就能够自行攻击目标,发射者无须再提供控制。在SOAP消息的应用模式中,fire-and-forget是指SOAP客户应用程序将SOAP消息发送给自己的SOAP服务器,然后不再处理与该消息相关的操作。该模式无须返回任何响应,常见于电子邮件消息中,如图6.4所示。

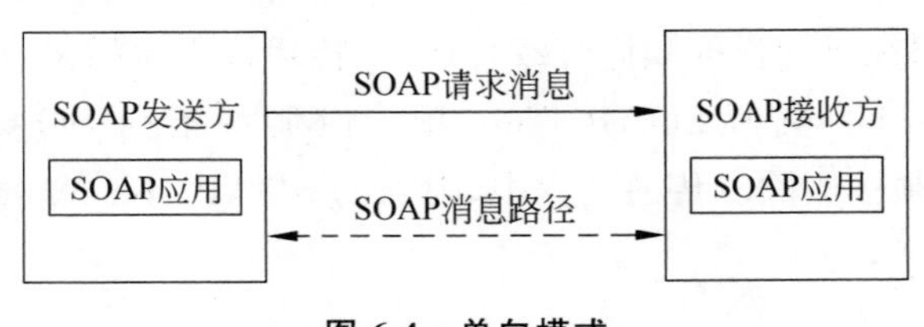

图6.4 单向模式

4. 事件通知模式

事件通知模式一般发生在订阅的情况下。应用程序(订阅者,即SOAP客户端)向一个事件源(SOAP服务器)订阅了一些具有明确名称的事件通知,在满足条件的情况下,

SOAP 服务器可以将此类事件发送给订阅者及其他应用程序，而无须考虑响应信息。例如一个应用程序可以向打印机驱动程序发出关于打印机状态变化(例如缺纸、缺墨等)的事件请求，而这些事件的通知可以发送给该程序或其他管理程序，如图 6.5 所示。

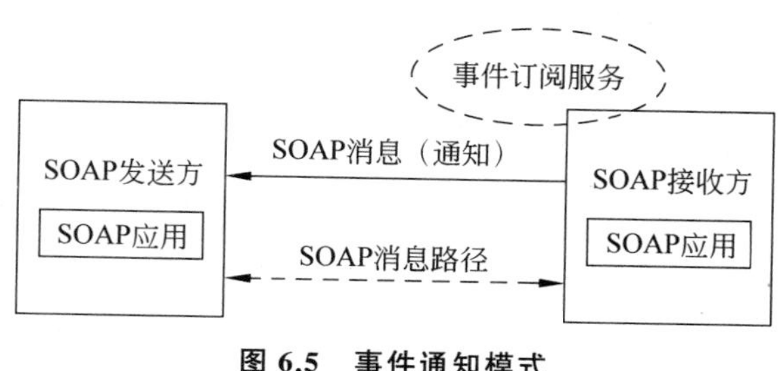

图 6.5 事件通知模式

6.5 JAXM 元素

JAXM(Java API for XML Messaging，XML 消息的 Java API)提供了使开发者能够用 Java 实现 SOAP 通信服务的 API 和规范，JAXM 是 JWSDP 的一部分，支持 SOAP1.1 规范。通常我们说的 JAXM 包括以下两个包。

- javax.xml.soap，是发送 SOAP 消息的基本包，主要包含了发送带有附件的 SOAP 消息的 API(SOAP with Attachments API for Java，SAAJ)，为构建 SOAP 包和解析 SOAP 包提供了重要的支持。它包含了与发送请求-响应消息相关的 API，SAAJ 适用于基于文档的同步或者异步通信。
- javax.xml.messaging，定义了 JAXM 的规范，包含了发送和接收消息所需的 API。

JAXM 包含以下几个概念。

- 消息(Message)，JAXM 消息遵循 SOAP 标准，我们可以通过 JAXM 方便地创建 SOAP 消息，有两种类型的消息：带附件的消息和不带附件的消息。
- 链接(Conneciton)，JAXM 提供两种类型的链接：①消息发送者到接收者之间直接链接(javax.xml.soap.SOAPConnection)，由于它们是点对点的，所以比较容易使用，即使不在 Servlet 或 J2EE 容器中也能使用；②消息发送者和接收者通过消息提供者进行间接链接(javax.xml.messageing.ProviderConnection)，这种方式需要消息提供者、消息发送者和消息接收者通过消息提供者来完成交互。
- 消息提供者(Message Providers)，主要负责传送消息，一个消息发出后，可能要经过多个消息提供者才能到达目的地。

6.5.1 SOAPElement

javax.xml.soap.SOAPElement 是 JAXM DOM API 中的一个关键接口，是 JAXM 中大部分 SOAP 对象的直接超级接口，SOAPElement 接口的许多方法、属性和 org.w3c.dom.Element 接口是一样的。

SOAP消息由信封、消息报头、消息主体和附件等组件组成，同样，在JAXM中提供了SOAPEnvelope、SOAPHeader、SOAPBody以及类似的接口来表示这些组件。这些接口都是SOAPElement的子接口，而且操作和读取这些组件的大部分工作都是通过SOAPElement接口的方法来实现的。

1. 属性

SOAPElement接口提供了几个添加、检索和删除元素属性的方法，如表6.3所示。

表6.3 SOAPElement的属性操作方法

方法名	功能说明
SOAPElement addAttribute(Name name, String value)	将带有指定名称和值的属性添加到此SOAPElement对象中，name用于指定本地名称或者命名空间限定的名称
java.util.Iterator getAllAttributes()	返回检索元素所有属性的迭代器，通过迭代器返回的每个元素将是Name类型的对象
java.lang.String getAttributeValue(Name name)	通过本地或命名空间限定名称来检索属性值
boolean removeAttribute(Name name)	删除带有指定名称的属性

2. 子元素

JAXM DOM实现也提供了一组添加、检索、删除SOAPElement子元素的方法，如表6.4所示。

表6.4 SOAPElement的常用方法

方法名	功能说明
SOAPElement addChildElement(Name name)	创建使用给定Name对象初始化的新SOAPElement对象，并将该新元素添加到此SOAPElement对象中
SOAPElement addChildElement(SOAPElement element)	将SOAPElement作为此SOAPElement实例的子级添加
SOAPElement addChildElement(String localName, String prefix, String uri)	创建使用指定本地名称、前缀和URI初始化的新SOAPElement对象，并将该新元素添加到此SOAPElement对象中
java.util.Iterator getChildElements()	返回该元素所有子元素的迭代器列表
void detachNode()	从树中移除此Node对象，该方法从javax.xml.soap.Node接口继承而来
void recycleNode()	通知JAXM实现，该对象不再被使用，对于以后可能创建的结点，实现可以随意重用此对象。该方法只有在调用detachNode之后才进行调用

续表

方 法 名	功 能 说 明
SOAPElement addTextNode(String text)	创建使用给定 String 初始化的新 Text 对象,并将其添加到此 SOAPElement 对象中
String getValue()	如果这是一个 Text 结点,则返回此结点的值,否则返回此结点的直接子结点值
void setValue(String value)	如果这是一个 Text 结点,则此方法会设置它的值,否则该方法设置此结点的直接(Text)子结点值
void setParentElement(SOAPElement parent)	将此 Node 对象的父结点设置为给定的 SOAPElement 对象
SOAPElement getParentElement()	返回此 Node 对象的父元素

下述代码片段将用于从 SOAP 的主体中删除所有本地名称为 description 的子元素:

```
MessageFactory msgFactory=MessageFactory.newInstance();
SOAPMessage message=msgFactory.createMessage();
//获得一个 SOAPPart 对象
SOAPPart soapPart=message.getSOAPPart();
//获得信封
SOAPEnvelope soapEnvelope=soapPart.getEnvelope();
//获得 SOAP 主体
SOAPBody soapBody=soapEnvelope.getBody();
//创建名称
Name nm=soapEnvelope.createName("description");
Iterator it=soapBody.getChildElements(nm);
while(it.hasNext()){
    SOAPElement child=(SOAPElement)it.next();
    child.detachNode();
    child.recycleNode();
}
```

3. 文本结点

文本结点是 JAXM DOM 实现与 JAXP 的另一个不同之处。通过调用 addTextNode 方法可以把一个文本结点添加到 SOAPElement 中。通过调用 getValue 方法,可以从文本结点中读取数据。下述代码片段将添加一个带有本地名(fname)和文本结点(apple)的子元素。

```
//message 是一个 SOAPMessage 对象
SOAPPart part=message.getSOAPPart();
//获取 SOAP 信封
SOAPEnvelope env=part.getEnvelope();
```

```
//获取 SOAP 主体
SOAPBody body=env.getBody();
//创建名为 fname 的元素
SOAPElement child=body.addChildElement("fname");
//创建值为 apple 的文本结点
child.addTextNode("apple");
//读取文本值
String str=child.getValue();
```

在执行了上面的代码后，child 对象表示为以下元素：

```
<fname>apple</fname>
```

4. 名称

Name 对象表示 XML 文档的名称，它可以是本地名称，也可以是命名空间限定的名称。Name 对象需要通过调用 SOAPEnvelope 对象的 createName 方法进行创建，SOAPEnvelope 对象表示 SOAP 消息中的 Envelope。下述代码片段将创建本地和命名空间限定的 Name 对象：

```
//message 是一个 SOAPMessage 对象
SOAPPart part=message.getSOAPPart();
//获取 SOAP 信封
SOAPEnvelope env=part.getEnvelope();
//创建本地 Name 对象
Name localName=env.createName("model");
//创建命名空间 Name 对象
Name nsName=env.createName("getPrice", "m","http://www.fxxxt.com/prices");
```

上述代码中，nsName 对象表示带有本地名“getPrice”、前缀“m”以及 URI 为“http://www.fxxxt.com/prices”的命名空间限定的名称，其在 XML 中表示为：

```
<m:getPrice xmlns:m="http://www.fxxxt.com/prices">
```

6.5.2 SOAPMessage

javax.xml.soap.SOAPMessage 是所有 JAXM SOAP 消息的根类，SOAPMessage 对象由一个 SOAP 部分和一个或多个附件部分(可选)组成。SOAPMessage 对象的 SOAP 部分是一个 SOAPPart 对象，包含了用于消息路由和标识的信息，并可以包含特定于应用程序的内容。消息的 SOAP 部分中的所有数据都必须是 XML 格式的。一般情况下，一个 SOAPMessage 对象包含以下内容组件：

- 一个 SOAPPart 对象；
- 一个 SOAPEnvelope 对象；
- 一个 SOAPBody 对象；

- 一个 SOAPHeader 对象。

可以通过调用 SOAPMessage 的 getSOAPPart 方法检索消息的 SOAP 部分。SOAPEnvelope 对象是从 SOAPPart 对象中获取的，SOAPEnvelope 对象用于检索 SOAPBody 和 SOAPHeader 对象，例如：

```
//获得一个 SOAPPart 对象
SOAPPart soapPart=message.getSOAPPart();
//获得信封
SOAPEnvelope soapEnvelope=soapPart.getEnvelope();
//获得 SOAP 主体
SOAPBody soapBody=soapEnvelope.getBody();
//获得消息头
SOAPHeader soapHeader=soapEnvelope.getHeader();
```

除 SOAPPart 对象之外，SOAPMessage 对象还可以包含 0 个或多个 AttachmentPart 对象，每个 AttachmentPart 对象都包含特定于应用程序的附件数据。SOAPMessage 提供了一些用于创建 AttachmentPart 对象的方法，以及一些将它们添加到 SOAPMessage 对象中的方法。

SOAP 消息的附件不一定需要是 XML 格式的，也可以是简单文本或图像文件等任何形式。因此，任何非 XML 格式的消息内容必须在 AttachmentPart 对象中。SOAPMessage 的常用方法如表 6.5 所示。

表 6.5 SOAPMessage 的常用方法

方 法 名	功 能 说 明
AttachmentPart createAttachmentPart()	创建一个新的空 AttachmentPart 对象
AttachmentPart createAttachmentPart (Object content, String contentType)	创建 AttachmentPart 对象并使用指定内容类型的指定数据填充
AttachmentPart getAttachment (SOAPElement element)	返回与此 SOAPElement 引用的附件关联的 AttachmentPart 对象，如果不存在此类附件，则返回 null
MimeHeaders getMimeHeaders()	返回此 SOAPMessage 对象所有特定于传输的 MIME 头
SOAPBody getSOAPBody()	获取此 SOAPMessage 对象中包含的 SOAPBody
SOAPHeader getSOAPHeader()	获取此 SOAPMessage 对象中包含的 SOAPHeader
SOAPPart getSOAPPart()	获取此 SOAPMessage 对象的 SOAP 部分

6.5.3 SOAPPart

javax.xml.soap.SOAPPart 类是 SOAPMessage 对象中特定于 SOAP 部分的容器，所有消息都必须有一个 SOAPPart。消息的 SOAP 部分中的所有数据都必须是 XML 格式，因此 SOAPPart 的 MIME 头的 Content-Type 值必须为 text/xml 的，不是 text/xml 类型的内容不能出现在 SOAPPart 对象中，而必须在 AttachmentPart 对象中。

不需要显示的创建 SOAPPart，可以通过调用 SOAPMessage.getSOAPPart()方法来获取 SOAPMessage 对象的 SOAPPart 对象。SOAPPart 的常用方法如表 6.6 所示。

表 6.6 SOAPPart 的常用方法

方 法 名	功能说明
void addMimeHeader(String name,String value)	使用指定名称和值创建 MimeHeader 对象，并将其添加到此 SOAPPart 对象中
Iterator getAllMimeHeaders()	返回该 SOAPPart 上的所有 MimeHeader 的迭代器
Source getContent()	以 JAXP Source 对象的形式返回 SOAPEnvelope 的内容
String getContentId()	检索名为 Content-Id 的 MIME 头的值
String getContentLocation()	检索名为 Content-Location 的 MIME 头的值
SOAPEnvelope getEnvelope()	获取与此 SOAPPart 对象关联的 SOAPEnvelope 对象
String[ ] getMimeHeader(String name)	获取此 SOAPPart 对象中所有由给定 String 标识的 MimeHeader 对象的值
void setContent(Source source)	使用给定 Source 对象的数据设置 SOAPEnvelope 对象的内容
void setContentId(Stringcontentld)	将名为 Content-Id 的 MIME 头的值设置为给定 String
void setContentLocation(String contentLocation)	将 MIME 头 Content-Location 的值设置为给定 String
void setMimeHeader(String name,String value)	将与给定头名称匹配的第一个头条目的值更改为给定值，如果不存在相匹配的头，则添加一个带有给定名称和值的新头

6.5.4 SOAPEnvelope

javax.xml.soap.SOAPEnvelope 是 SOAPElement 的子接口，其映射到 SOAP Envelope 部分。SOAPEnvelope 对象也包含消息报头对象(SOAPHeader)和消息主体对象(SOAPBody)，该对象可以通过调用 SOAPEnvelope 的 getHeader()方法和 getBody()方法获取。SOAPEnvelope 的常用方法如表 6.7 所示。

表 6.7 SOAPEnvelope 的常用方法

方 法 名	功 能 说 明
SOAPBody addBody()	创建一个 SOAPBody 对象,并将其设置为此 SOAPEnvelope 对象的 SOAPBody 对象
SOAPHeader addHeader()	创建一个 SOAPHeader 对象,并将其设置为此 SOAPEnvelope 对象的 SOAPHeader 对象
Name createName(String localName)	创建使用给定本地名称初始化的新 Name 对象
Name createName(String localName, String prefix,String uri)	创建使用给定本地名称、名称空间前缀和名称空间 URL 初始化的新 Name 对象
SOAPBody getBody()	返回与此 SOAPEnvelope 对象关联的 SOAPBody 对象
SOAPHeader getHeader()	返回此 SOAPEnvelope 对象的 SOAPHeader 对象

6.5.5 SOAPHeader 和 SOAPHeaderElement

javax.xml.soap.SOAPHeader 是 SOAPElement 的一个子接口,其映射到 SOAP 的报头部分。SOAPHeader 的常用方法如表 6.8 所示。

表 6.8 SOAPHeader 的常用方法

方 法 名	功 能 说 明
SOAPHeaderElement addHeaderElement (Name name)	使用指定名称初始化的新的 SOAPHeaderElement 对象,并将其添加到此 SOAPHeader 对象中
Iterator examineHeaderElements(String actor)	返回与特定执行者相匹配的所有报头元素的迭代器
Iterator extractHeaderElements(String actor)	返回在此 SOAPHeader 对象中所有具有指定 actor 的 SOAPHeaderElement 对象的迭代器,并将这些 SOAPHeaderElement 对象从此 SOAPHeader 对象中分离出来

javax. xml. soap. SOAPHeaderElement 表示消息报头内的元素,即 Header 项。SOAPHeaderElement 的常用方法如表 6.9 所示。

表 6.9 SOAPHeaderElement 的常用方法

方 法 名	功 能 说 明
String getActor()	返回此 SOAPHeaderElement actor 属性的 URL
boolean getMustUnderstand()	返回此 SOAPHeaderElement mustUnderstand 属性的 boolean 值
void setActor(String actor)	将与此 SOAPHeaderElement 对象关联的 actor 设置为指定 actor
void setMustUnderstand(boolean flag)	将此 SOAPHeaderElement 对象的 mustUnderstand 属性设置为指定 boolean 值

6.5.6 SOAPBody 和 SOAPBodyElement

javax.xml.soap.SOAPBody 是 SOAPElement 的一个子接口，表示 SOAP 消息中 SOAP 正文元素内容的对象的内容。SOAPBody 对象包含了 SOAPBodyElement 对象，后者具有 SOAP 正文的内容，即 Body 项。可以通过调用 SOAPBody 的 addBodyElement 方法创建新的 SOAPBodyElement 对象并将其添加到 SOAPBody 对象中。SOAPBody 的常用方法如表 6.10 所示。

表 6.10 SOAPBody 的常用方法

方 法 名	功 能 说 明
SOAPBodyElement addBodyElement(Name name)	使用指定名称创建新的 SOAPBodyElement 对象，并将其添加到此 SOAPBody 对象中
SOAPFault addFault()	创建新的 SOAPFault 对象，并将其添加到此 SOAPBody 对象中
SOAPFault addFault(Name faultCode, String faultString)	使用给定参数创建新的 SOAPFault 对象，并将其添加到此 SOAPBody 对象中
SOAPFault getFault()	返回此 SOAPBody 对象中的 SOAPFault 对象
boolean hasFault()	判断此 SOAPBody 对象中是否存在 SOAPFault 对象

6.5.7 SOAPFault

javax.xml.soap.SOAPFault 以 SOAP 元素作为模型，映射到 SOAP Fault 部分，用于封装 SOAP 消息传递过程中的错误信息，该接口是 SOAPBodyElement 的直接子接口。SOAPFault 的常用方法如表 6.11 所示。

表 6.11 SOAPFault 的常用方法

方 法 名	功 能 说 明
Detail addDetail()	创建新的 Detail 对象，并将其添加到 SOAPFault 对象中，SOAPFault 对象只允许添加一个 Detail 对象
Detail getDetail()	返回此 SOAPFault 对象的 detail 对象
String getFaultActor()	获取此 SOAPFault 对象的错误 actor 的 URI
String getFaultCode()	获取此 SOAPFault 对象的错误代码
String getFaultString()	获取此 SOAPFault 对象的错误描述串
void setFaultActor(String actor)	使用给定值设置 SOAPFault 对象的错误 actor 的 URI
void setFaultCode(String faultCode)	使用给定的错误代码设置此 SOAPFault 对象
void setFaultString(String faultString)	将此 SOAPFault 对象的错误字符串设定为给定字符串

6.6 编写 SOAP 客户端

在基于 SOAP 的 Web 服务体系架构中，客户端可以是一般的 Java GUI 程序(也可以是 JSP、Servlet 等)。客户端通过 SOAP 消息和 Servlet 容器里运行的 JAXM Servlet 进行交互，JAXM Servlet 是服务提供者。

基于点对点的直接链接创建 SOAP 客户端的步骤如下：

① 创建 SOAP 链接；

② 创建 SOAP 消息工厂；

③ 创建消息；

④ 填充消息；

⑤ 添加附件；

⑥ 发送消息并接收响应；

⑦ 关闭链接。

6.6.1 创建 SOAP 链接

客户端可以调用 SOAPConnectionFactory 对象的 createConnection()方法获取 SOAPConnection 对象，代码如下所示：

```
SOAPConnectionFactory factory=SOAPConnectionFactory.newInstance();
SOAPConnection connection=factory.createConnection();
```

6.6.2 创建 SOAP 消息工厂

通过调用 MessageFactory 类的静态方法 newInstance()来获取一个消息工厂的实例，代码如下所示：

```
MessageFactory mFactory=MessageFactory.newInstance();
```

6.6.3 创建消息

通过调用 MessageFactory 对象的 createMessage()方法创建 SOAP 消息，代码如下所示：

```
SOAPMessage message=mFactory.createMessage();
```

成功调用 createMessage()方法后，将返回具有基本报头和主体的消息对象，以及封入的信封和 SOAPPart。实际的 SOAP XML 大致如下所示：

```
<soap:Envelope xmlns:soap="http://sxxxs.xmlsoap.org/soap/envelope/">
    <soap:Header/>
```

```
    <soap:Body/>
</soap:Envelope>
```

6.6.4 填充消息

创建完 SOAPMessage 对象后，就可以简单地通过消息本身去访问消息对象的各部件。代码如下所示：

```
//获得一个 SOAPPart 对象
SOAPPart soapPart=message.getSOAPPart();
//获得信封
SOAPEnvelope soapEnvelope=soapPart.getEnvelope();
//获得消息头
SOAPHeader soapHeader=soapEnvelope.getHeader();
//获得 SOAP 主体
SOAPBody soapBody=soapEnvelope.getBody();
```

此时，可以通过 JAXM API 实现对消息对象的一系列填充操作，如需要添加如下内容的 SOAP 主体内容：

```
<SOAP-ENV:Envelope xmlns:SOAP-ENV="http://sxxxs.xmlsoap.org/soap/envelope/">
    <SOAP-ENV:Header/>
    <SOAP-ENV:Body>
        <tns:sayHello xmlns:tns="service.wfu.com">
            <name>tom</name>
            <age>10</age>
        </tns:sayHello>
    </SOAP-ENV:Body>
</SOAP-ENV:Envelope>
```

可以使用如下代码：

```
SOAPBody body=envelope.getBody();
Name bodyName=envelope.createName("sayHello", "tns","service.wfu.com");
SOAPBodyElement bodyElementRoot=body.addBodyElement(bodyName);
Name eleName=envelope.createName("name");
SOAPElement elementName=bodyElementRoot.addChildElement(eleName);
elementName.addTextNode("tom");
Name eleAge=envelope.createName("age");
SOAPElement elementAge=bodyElementRoot.addChildElement(eleAge);
elementAge.addTextNode("10");
```

把元素添加到消息主体与把元素添加到消息报头非常相似，所有操作都必须直接通过 JAXM 的 DOM 实现来完成。

6.6.5 发送消息并接收响应

上述代码顺利执行完毕后，通过调用 SOAPConnection 对象的 call 方法来发送一条同步消息：

```
SOAPMessage reMessage= connection.call(message, new URL("http://localhost:
8080/SayHello"));
```

在编写 SOAP 应用时，须将 JAXM 开发工具包 jaxm-api.jar 引入到工程中。

6.6.6 编写 SOAP 客户端

下述代码用于基于消息发送者到接收者的点对点直接连接，创建客户端，向服务器发送 SOAP 消息，并处理服务器的返回值：

```
public class Sender {
    public static void main(String[] args) throws Exception{
        SOAPConnectionFactory factory=SOAPConnectionFactory.newInstance();
        SOAPConnection connection=factory.createConnection();
        MessageFactory mFactory=MessageFactory.newInstance();
        SOAPMessage message=mFactory.createMessage();
        SOAPPart part=message.getSOAPPart();
        SOAPEnvelope envelope=part.getEnvelope();
        SOAPHeader header=envelope.getHeader();
        SOAPBody body=envelope.getBody();
        Name bodyName=envelope.createName("sayHello", "tns","service.wfu.com");
        SOAPBodyElement bodyElementRoot=body.addBodyElement(bodyName);
        Name eleName=envelope.createName("name");
        SOAPElement elementName=bodyElementRoot.addChildElement(eleName);
        elementName.addTextNode("tom");
        Name eleAge=envelope.createName("age");
        SOAPElement elementAge=bodyElementRoot.addChildElement(eleAge);
        elementAge.addTextNode("10");
        message.writeTo(System.out);
        System.out.println();
        SOAPMessage reMessage=connection.call(message, new URL("http://
        localhost:8080/SayHello"));
        reMessage.writeTo(System.out);
    }
}
```

上述代码使用 SOAP 方式发送和接收 SOAP 消息，该方法内部按照 XML 文档的结构进行消息的组建。等价的请求消息和响应消息内容如下。

请求消息：

```
<SOAP-ENV:Envelope xmlns:SOAP-ENV="http://sxxxs.xmlsoap.org/soap/envelope/">
    <SOAP-ENV:Header/>
    <SOAP-ENV:Body>
        <tns:sayHello xmlns:tns="service.wfu.com">
            <name>tom</name>
            <age>10</age>
        </tns:sayHello>
    </SOAP-ENV:Body>
</SOAP-ENV:Envelope>
```

响应消息：

```
<S:Envelope xmlns:S="http://sxxxs.xmlsoap.org/soap/envelope/">
    <S:Body>
        <ns2:sayHelloResponse xmlns:ns2="service.wfu.com">
            <result>name:tom,age:10</result>
        </ns2:sayHelloResponse>
    </S:Body>
</S:Envelope>
```

本例是遵循请求/响应模式的独立 JAXM 客户端，在服务运行前不能执行。

6.7 编写 SOAP 服务器

SOAP 服务时 SOAP 消息的最终接收者使用 JAXM，有两种方式可以实现在容器中运行并利用 JAXM 提供者的 SOAP 服务程序：

(1) 使用 Servlet(在 Servlet 容器中运行)；

(2) 使用 EJB 的消息驱动 Bean(在 EJB 容器中运行)。

图 6.6 显示了如何使用 Servlet 来实现 SOAP 服务器。可以看出即使在容器内，JAXM 提供者的使用也是可选的。如果通过请求/响应模式与独立的客户端进行通信，那么 SOAP 服务器就不需要使用 JAXM 提供者，Servlet 将通过 Servlet 容器接收来自客户端的请求消息并处理消息，然后把响应消息返回给客户端。另一方面，在使用更复杂的消息路由或使用 JAXM 配置文件的情况时，都需要使用 JAXM 提供者。

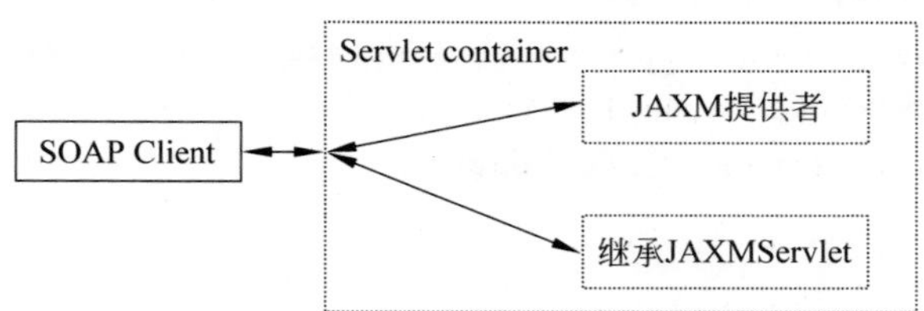

图 6.6 使用 Servlet 实现 SOAP 服务器

6.7.1 JAXMServlet

JAXM API 提供一个类 javax.xml.messaging.JAXMServlet 用来实现 SOAP 服务器,JAXMServlet 扩展 HttpServlet 是一个抽象类,不能直接实例化该类的对象,必须通过定义该类的子类来实现,同时该子类需要实现 javax.xml.messaging.OnewayListener 或 javax.xml.messaging.ReqRespListener 接口:

(1) javax.xml.messaging.OnewayListener 接口用于定义执行异步 SOAP 通信的 SOAPServlet 服务器,实现该接口的 Servlet 可以只接收消息而不响应,也可立即响应或隔一段时间后响应。

(2) javax.xml.messaging.ReqRespListener 接口用于定义执行同步 SOAP 通信的 Servlet,该 Servlet 将接收消息、处理消息并返回响应消息。

由于 JAXMServlet 扩展自 HttpServlet,一般情况下,扩展 JAXMServlet 的类只需要重载 init 方法,以便在 Servlet 初始化时完成相关的准备工作(如消息工厂初始化等),重载 init 方法的代码类似如下:

```
public void init(ServletConfig arg0) throws ServletException {
        super.init(arg0);
        try {
            mf=MessageFactory.newInstance();
        } catch (SOAPException e) {
            e.printStackTrace();
        }
}
```

另外,SOAPServlet 服务程序在扩展 JAXMServlet 的同时,应该实现 OnewayListener 或 ReqRespListener 接口,这两个接口都有单个 onMessage()方法,该方法处理消息、访问 SOAP 消息的组成部分。如果在处理消息过程中出现故障,服务需要创建 SOAPFault 对象并把它发回到客户端。

不管选取的监听接口是什么,onMessage()方法必须被实现,以处理 SOAP 消息。如果所选取的监听接口是 OnewayListener,那么该接口将完全应用于传入的消息,onMessage()方法的实现类似于下述代码:

```
public SOAPMessage onMessage(SOAPMessage msg) {
        //处理传入的请求消息
        //…
}
```

如果使用 ReqRespListener 实现 Servlet,onMessage()方法需要返回 SOAPMessage 对象,功能实现类似于下述代码:

```
public SOAPMessage onMessage(SOAPMessage msg) {
        //处理传入的请求消息
```

```
        //…
        SOAPMessage resp=null;
        //创建并填充响应消息
        //…
        //返回响应消息
        return resp;
    }
```

注意：实现 OnewayListener 的 Servlet 同样可以发出消息，不过这些传出消息将是异步的，它们并不作为传入消息的响应而发回，而是作为未经请求的消息发送到 SOAP 客户端或另一个目的地。

6.7.2 实现 SOAP 服务代码

下述代码基于消息发送者到接收者的点对点直接连接，创建 SOAP 服务端，接收、处理 SOAP 消息（将 SOAP 消息存入指定文件），并返回 SOAP 响应消息：

```
@WebServlet("/SayHelloServlet")
public class SayHelloServlet extends JAXMServlet implements ReqRespListener {
    private static final long serialVersionUID=1L;
    static MessageFactory mf=null;
    @Override
    public void init(ServletConfig sc) throws ServletException {
        super.init(sc);
        try {
            mf=MessageFactory.newInstance();
        } catch (SOAPException e) {
            e.printStackTrace();
        }
    }
    @Override
    public SOAPMessage onMessage(SOAPMessage msg) {
        SOAPMessage resp=null;
        SOAPEnvelope envelope;
        try {
            envelope=msg.getSOAPPart().getEnvelope();
            SOAPBody body=envelope.getBody();
            Iterator iterator=body.getChildElements();
            SOAPElement e=(SOAPElement) iterator.next();
            String fun=e.getElementName().getLocalName();
            System.out.println(fun);
            Iterator iterator1=e.getChildElements(envelope.createName("name"));
            SOAPElement e1=(SOAPElement) iterator1.next();
            String name=e1.getChildNodes().item(0).getNodeValue();
            Iterator iterator2=e.getChildElements(envelope.createName("age"));
```

```
                SOAPElement e2=(SOAPElement) iterator2.next();
                String age=e2.getChildNodes().item(0).getNodeValue();
                String result="";
                if("sayHello".equals(fun)){
                    result="name:"+name+",age:"+age;
                }
                else{
                    result="this is a service";
                }
                resp=mf.createMessage();
                SOAPEnvelope se=resp.getSOAPPart().getEnvelope();
                se.getBody().addChildElement(se.createName("addResponse")).
                addTextNode(result.toString());
            } catch (SOAPException e3) {
                e3.printStackTrace();
            }
            return resp;
        }
}
```

6.8 本章小结

- SOAP 是一个基于 XML 的协议，它是分布式系统之间交换信息的轻量级方法。
- SOAP 的两个目标是简单性和可扩展性。
- SOAP 是基于 XML 语言和 XSD 标准的，它由 4 部分组成：SOAP 信封、SOAP 编码规则、SOAP RPC 表示、SOAP 绑定。
- SOAP 消息可以包含如下元素：Envelope、Header、Body、Fault、Attachment，其中 Envelope、Body 部分必须在 SOAPMessage 中出现。
- SOAPEnvelope 是 SOAP 消息结构的主要容器，也是 SOAP 消息的根元素，它必须出现在每个 SOAP 消息中。
- SOAP 不会取代 CORBA，COM/DCOM。
- 常用的 JAXM 元素有：SOAPElement、SOAPMessage、SOAPPart、SOAPEnvelope、SOAPHeader、SOAPHeaderElement、SOAPBody、SOAPBodyElement、SOAPFault 等。
- JAXM 提供有两种类型的连接：独立的点对点连接和到消息提供者的连接。
- 可以通过工厂类 MessageFactory 来生成消息对象以构建可用的 SOAP 消息。

第7章 chapter 7

基于SOAP的Web服务

本章学习目标

- 了解JAX-WS的基本概念
- 掌握基于SOAP的Web服务的创建方法
- 掌握JAX-WS的常用注解

本章首先简单介绍JAX-WS的基本概念,接着基于实例介绍通过JAX-WS创建基于SOAP的Web服务的方法,最后详细介绍JAX-WS的常用注解。

7.1 JAX-WS概述

JAX-WS(Java API for XML Web Services)规范是一组XML Web服务的JAVA API,JAX-WS允许开发者选择RPC-oriented或者message-oriented来实现自己的Web服务。

JAX-WS是用于简化使用Java构造Web服务和Web服务客户机的工作的技术。该技术提供了完整的Web服务堆栈,可以减少开发和部署Web服务的工作量。JAX-WS支持WS-I Basic Profile 1.1,后者可确保使用JAX-WS堆栈开发的Web服务能够供采用WS-I Basic Profile标准使用任意语言开发的任意客户机。JAX-WS还包括了Java Architecture for XML Binding(JAXB)和SOAP with Attachments API for Java(SAAJ)。

JAXB提供了一种非常方便的方法来将XML模式映射到Java代码,从而支持数据绑定功能。JAXB消除了将SOAP消息中的XML模式消息转换为Java代码的工作,因而不必全面了解XML和SOAP解析。JAXB规范定义了Java和XML模式之间的绑定。SAAJ提供了标准的方法来处理SOAP消息中包含的XML附件。

而且,JAX-WS提供了用于将传统Java对象(Plain Old Java Object,POJO)类转换为Web服务的Annotation库,从而加速了Web服务的开发工作。另外,它还指定了从采用Web服务描述语言(Web Services Description Language,WSDL)定义的服务到实现该服务的Java类之间的详细映射。采用WSDL定义的任意复杂类型都通过遵循JAXB规范定义的映射来映射为Java类。JAX-WS最初与Java Platform、Enterprise Edition(Java EE)5绑定。而JAX-WS 2.0规范是作为Java Community Process(JCP)的JSR 224开发的。

JAX-WS是由JDK支持实现的，在开发Java Web Service时，只需使用Annotation来声明Java Web Service类，使用wsgen和wsimport命令生成相关的代码，不用手动编写WSDL文件及相关的代码，这样就不用关心Web服务相关的细节，只须专注业务代码。除了JDK自身实现之外，还有很多开源的Java Web服务框架，比如Axis、XFire和CXF等。

7.2 一个基于SOAP的Web服务

【例7.1】 定义一个基于SOAP的Web服务，它包含两个操作：操作next1不带任何参数，并返回一个随机生成的整数；操作nextN接受一个参数，即所需的随机生成的整数的个数，并返回一个整数数组。

1. 创建服务

```
@WebService
public class RandService {
    private static final int maxRands=16;
    @WebMethod
    public int next1() {
        return new Random().nextInt();
    }
    @WebMethod
    public int[] nextN(final int n) {
        final int k=(n >maxRands) ? maxRands: Math.abs(n);
        int[] rands=new int[k];
        Random r=new Random();
        for (int i=0; i<k; i++) {
            rands[i]=r.nextInt();
        }
        return rands;
    }
}
```

其中，在RandService类定义上添加了一个“@WebService”的annotation，这是JAX-WS定义Web服务的关键，这个annotation用来告诉Java解析器此Java类是某个Web服务的实现类或者此Java接口定义了某个Web服务的接口。

@WebService有6个参数可以用来配置这个Web服务的定义。

- endpointInterface：指向一个定义此 Web 服务抽象定义接口的完整类路(如果没有定义接口,直接写的实现类,则该参数不需要)。
- name：Web 服务名,默认的 port 名为"实现类名＋Port",binding 名为"实现类名＋PortBinding",通过指定 name 的值来替换,实现类名。
- portName：指定 port 名,可以完成替换默认 port 名,或由 name 指定的 port 名。
- targetNamespace：指定 targetNamespace 值,默认的值为"http://包名/",可以通过此变量指定一个自定义的 targetNamespace 值(如果分别定义接口和实现,则它们有各自的 targetNamespace)。
- serviceName：指定 service。
- wsdlLocation：指向一个预定义的 WSDL 的文件,替代自动生成的 WSDL 文件。

如果不想定义的话,可以直接写一个@WebService,其他的属性用默认值。

RandService 类的每个方法都被注解为@WebMethod,@WebMethod 用于向外公布,它修饰的方法是 Web 服务方法,去掉也没有影响。在注解为@WebService 的类中,一个 public 实例方法是一个服务操作,即使该方法没有被注解,但也建议使用它。

@WebMethod 注解有 3 个参数,含义如下。

- action：定义此操作的行为,对于 SOAP 绑定,此值将确定 SOAPAction 头的值,缺省值为 Java 方法的名称。
- exclude：指定是否从 Web 服务中排除某一方法。true 表示此方法包含在 Web 服务中;false 表示排除此方法(缺省值)。
- operationName：指定与此方法相匹配的 wsdl:operation 的名称,缺省值为 Java 方法的名称。

如果对 Web 服务方法没有特殊要求的话,该参数可以不写,那么所有的方法都会被发布出去。

2. 发布服务

```
public class RandPublish {
    public static void main(String[] args) {
        final String url="http://localhost:8888/rs";
        System.out.println("publish randService at endpoint"+url);
        Endpoint.publish(url, new RandService());
    }
}
```

核心 Java6 或更高版本包括用于发布基于 SOAP 的 Web 服务的 Endpoint 类。调用 Endpoint 类的 publish 方法就可以将服务发布出去。这里使用的 publish 方法有两个参数。

- address：服务对外暴露的用于调用服务的 URL 地址,例如,http://localhost:8888/rs;
- implementor：服务的实现对象,在这个例子中是 RandService 类。

运行RandPublish类，如果得到如图7.1所示的运行结果，则表示服务发布成功。

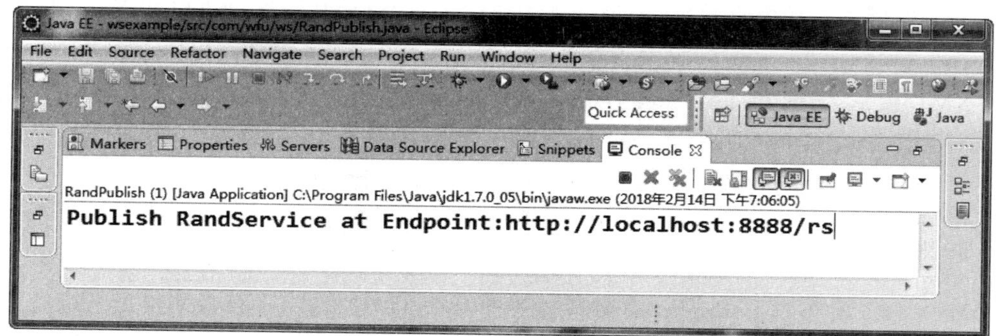

图 7.1　RandPublish 的运行结果

发布之后就可以通过发布地址"?xsd=1"查看与此服务相关的XML模式，这个模式是动态生成的。通过在浏览器地址栏中输入http://localhost:8888/rs?xsd=1，可以看到如图7.2所示的内容。

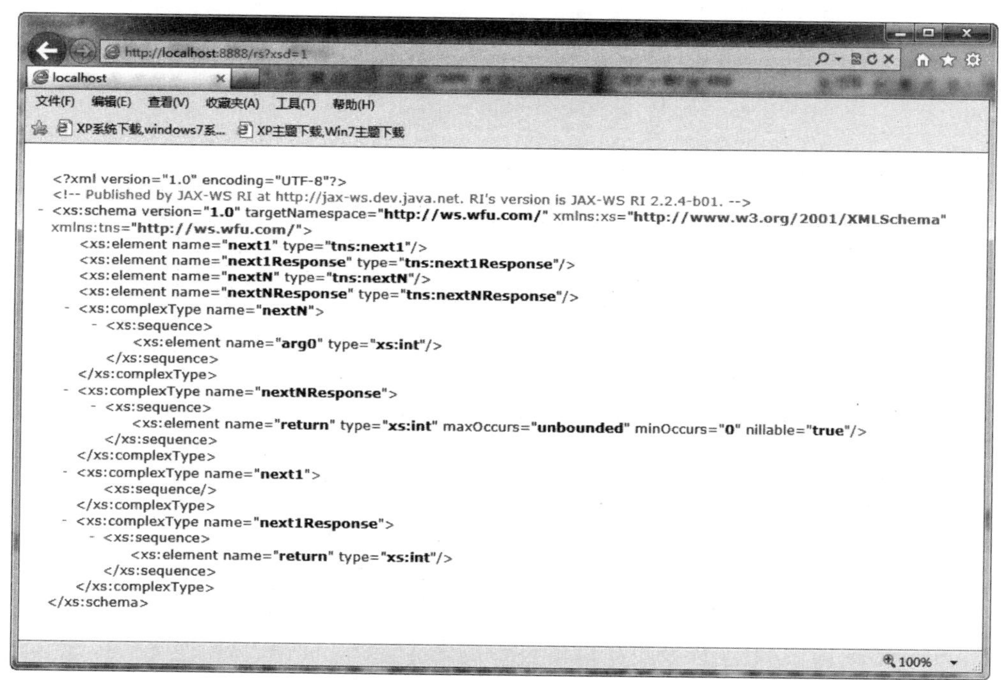

图 7.2　为 RandService 动态生成的 XML 模式

该模式提供了在服务器和客户端之间的任何一方传递的SOAP消息的数据类型。在RandService中，每个Web服务操作都有两个SOAP消息，因为每个操作都实现了熟练的请求/响应(request/response)模式，在这个例子中，客户端发出一个请求，作为next1 SOAP消息传送到该服务器，并得到作为next1Response消息返回的响应。因此，该模式包含4个类型的SOAP消息，因为RandService具有请求/响应模式的两个操作，这表示每个操作均有两个消息，出现在XML模式的complexType数量可能会超过实现服务的操作所需要的消息总数，因为特殊的错误消息，SOAP错误也可以在XML模式中定义。

XML模式类型和JAXB构件一起使SOAP库将Java对象转换为XML文档(SOAPEnvelope实例)，并将SOAPEnvelope实例转换为Java对象。EndPoint发布者的底层SOAP库负责处理JAXB构件的生成和XML模式的生成。

3. 编写客户端程序

Web服务发布时Endpoint发布者会动态生成XML模式，发布者同样也可以动态生成WSDL文档，在浏览器地址栏中输入http://localhost:8888/rs?wsdl，可以看到如图7.3所示的WSDL的内容。

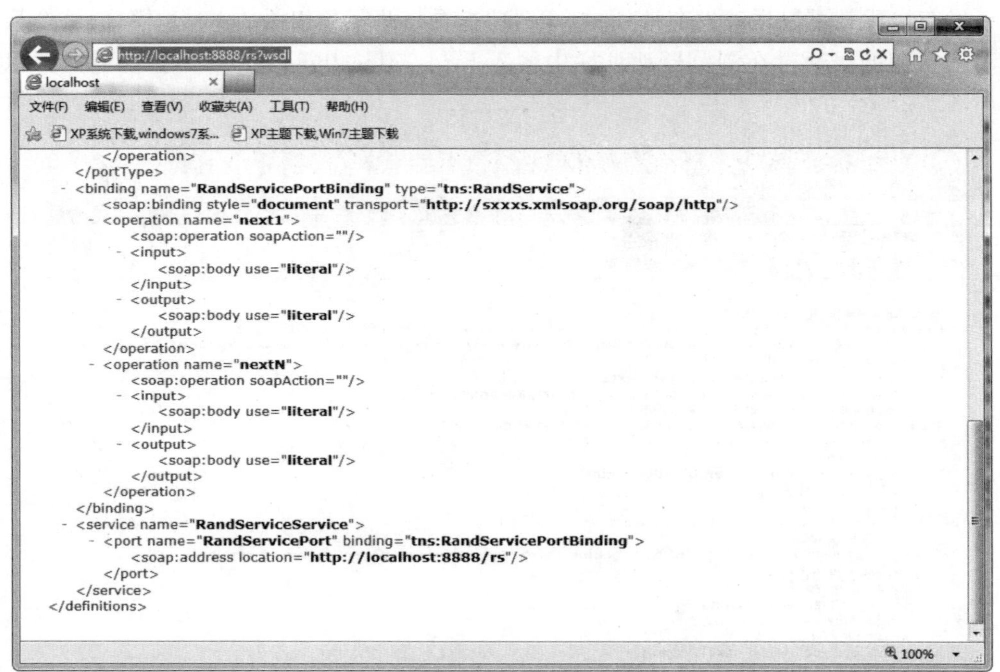

图7.3 RandService的WSDL文档

wsimport是JDK1.6以及更高版本自带的命令，可以根据WSDL文档生成客户端中间代码，基于生成的代码编写客户端，既简单又方便。

1) wsimport的用法

```
wsimport [options] <WSDL_URI>
```

其中常用的[options]有：

- -d <directory>，在指定的目录生成class文件；
- -s <directory>，在指定的目录生成Java源文件；

- -p ＜pkg＞，指定生成文件的包结构；
- -kee，在生成 class 文件，或者 jar 包时，同时保留 Java 源文件；
- -verbose，显示生成过程。

假设 WSDL 文档的 URI 为 http://localhost:8888/rs?wsdl，那么在 D:\temp 下，生成包结构为 com.wfu.client.wsimport 的 Java 源文件的命令如图 7.4 所示。

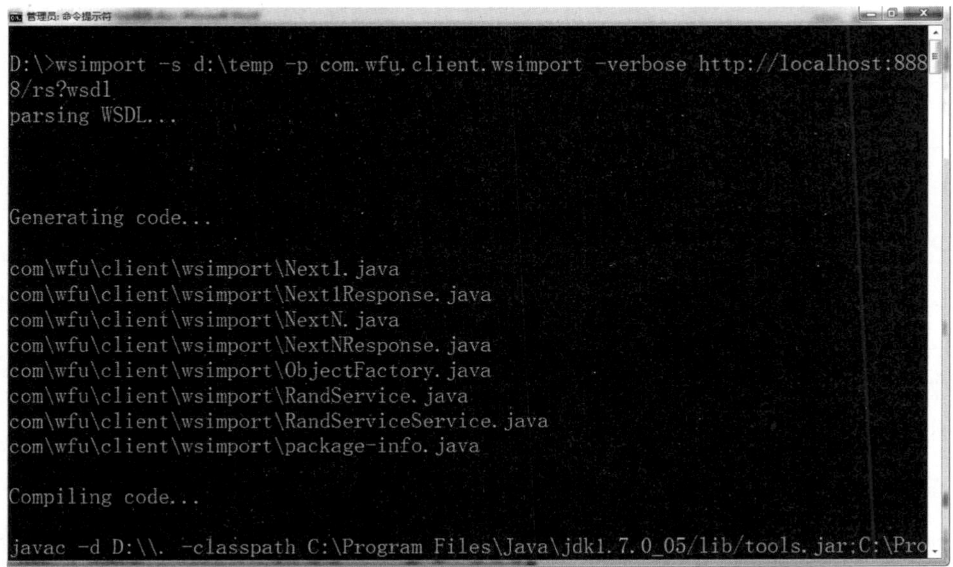

图 7.4　wsimport 命令

注意：无论是-d 还是-s 参数制定的目录，该文件系统都必须存在，否则会报错。所以在生成客户端代码时，应该先新建存放代码的文件夹。

2）编写客户端代码

在 Eclipse 中新建一个 project，将生成的包结构下的 Java 源代码复制到项目的 src 目录中，同时新建一个客户端类 RandClient，项目结构如图 7.5 所示。

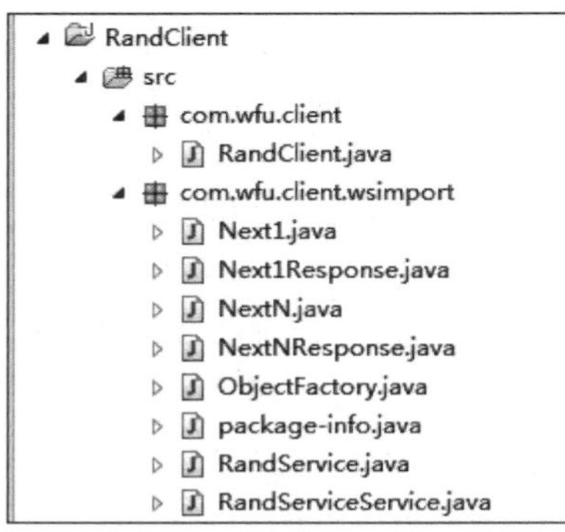

图 7.5　项目结构

用 wsimport 生成的构件建立的 Java 客户端：

```
import com.wfu.client.wsimport.RandService;
import com.wfu.client.wsimport.RandServiceService;
public class RandClient {
    public static void main(String[] args) {
        RandServiceService service=new RandServiceService();
        RandService port=service.getRandServicePort();
        System.out.println("调用 next1()方法后的执行结果为:"+port.next1());
        System.out.println("调用 nextN()方法后的执行结果为:");
        List<Integer>nums=port.nextN(4);
        for(Integer x:nums){
            System.out.println(x);
        }
    }
}
```

RandClient 从 wsimport 生成的构件中导入了两个类型：RandServiceService 类和 RandService 接口。在客户端代码的设置阶段，RandServiceService 类的无参构造函数被调用来创建一个服务对象，它在客户端表示服务本身，一旦这个服务对象被构造，就会有一个独特的 GET 模式调用：

```
RandService port=service.getRandServicePort();
```

此 get 方法返回对一个对象的引用，它在 RandService 中封装了 next1 和 nextN 这两个操作。该引用被命名为 port(端口)，然后该 port 引用用于执行对该服务的两个实例调用，运行结果如图 7.6 所示。

```
Problems  @ Javadoc  Declaration  Console
<terminated> RandClient (1) [Java Application] C:\Program Files\Java\jdk1.7.0_05\bin\javaw.exe (2018年2月15日 上午12:29:03)
调用next1()方法后的执行结果为: 183788339
调用nextN()方法后的执行结果为:
-1657353498
-1945225688
1224315787
-302440036
```

图 7.6　RandClient 运行结果

值得一提的是：对于 Java 客户端与 Java 服务之间的交互，SOAP 是完全透明的，底层的 SOAP 库在发送端生成 SOAP 并在接收端解析 SOAP，以使两侧的 Java 代码可以对被发送和被接收的是什么类型的有效载荷保持不可知，SOAP 的透明度是基于 SOAP 的 Web 服务的一个重要特点。

4. 查看来往的 SOAP 消息

在 Eclipse 的工具栏中单击→→WSDL Main 按钮，在右侧窗口中的文本框中输入 WSDL 的 URL，如图 7.7 所示。

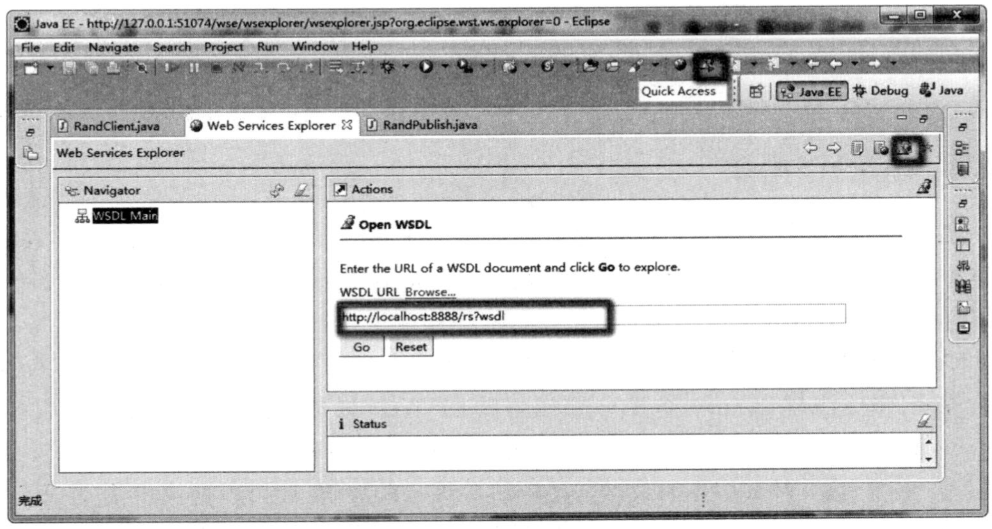

图 7.7 WSDL 页面

单击 go 按钮，在弹出的窗口中选择要进行的操作，比如单击 nextN 按钮，然后输入 nextN 操作的请求信息，单击 go 按钮，即可获取该操作的响应信息。在 source 视图模式下即可查看来往的 SOAP 消息，如图 7.8 所示。

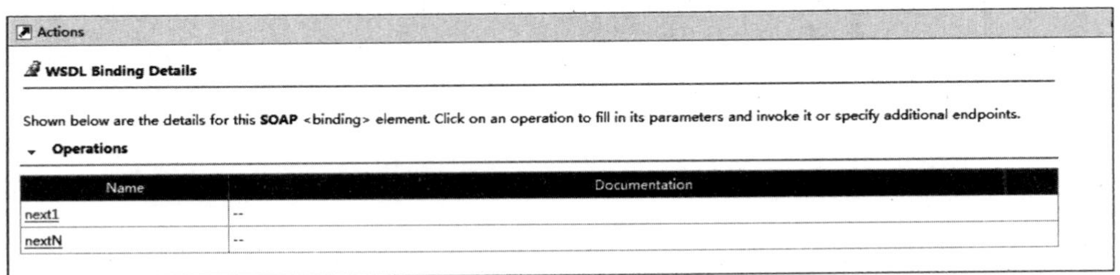

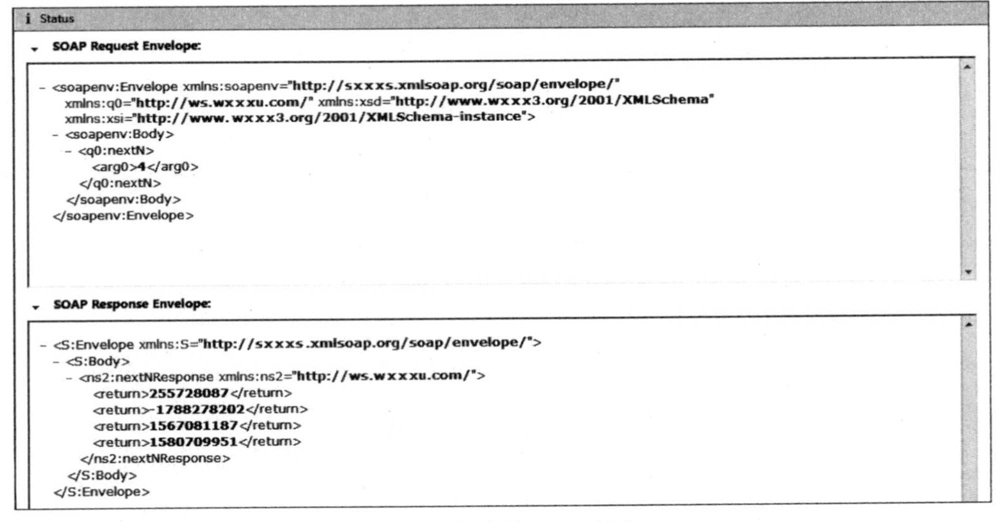

图 7.8 来往的 SOAP 消息

7.3 JAX-WS 常用注解

7.3.1 JAX-WS 概述

JAX-WS 通过使用注解来指定与 Web 服务实现相关联的元数据以及简化 Web 服务的开发。注解描述如何将服务器端的服务作为 Web 服务进行发布或者客户端的 Java 类如何访问 Web 服务。

JAX-WS 编程标准支持将具有用于定义服务端点应用程序的元数据的 Java 类作为 Web 服务进行注解以及注解客户端如何访问 Web 服务。JAX-WS 支持使用基于 Metadata Facility for the Java Programming Language(Java 规范请求(JSR) 175)规范和"用于 Java 平台的 Web 服务元数据"(JSR 181)规范的注解,还可以使用由 JAX-WS 2.0 和更高版本(JSR 224)规范定义的注解(包括 JAXB 注解)。通过使用 JSR 181 标准中的注解,可以简单地注解服务实现类或服务接口,并且应用程序将作为 Web 进行启用。在 Java 源代码中使用注解可以简化 Web 服务的开发和部署,其实现方式是定义一些通常从部署描述符文件和 WSDL 文件中获取的附加信息,或者将元数据从 XML 和 WSDL 映射到源文件。

使用注解可以配置绑定、处理程序链、端口类型的集合名称、服务以及其他 WSDL 参数。注解可以用在 Java 到 WSDL 和模式的映射中,并且在运行时可以用于控制 JAX-WS 运行时处理和响应 Web 服务调用的方式。

7.3.2 javax.jws.WebService

该注解应用于类或者接口,是一个对外访问的 Web 服务,默认的情况是所有的 public 方法都是可以对外提供访问的,如果@WebService 应用于接口,那么该接口有一个专业名称 SEI(ServiceEnpointInterface),@WebService 注解的常用属性如表 7.1 所示。

表 7.1 WebService 注解常用属性

名　称	功　能
name	Web 服务的名称,对应 WSDL 中<wsdl:portType> 的名称
serviceName	Web 服务的服务名称,对应 WSDL 中<wsdl:service>的名称,缺省值为"Java 类的简单名称+Service"
portName	Web 服务的端口名称,对应 WSDL 中<wsdl:portName>的名称,默认为"发布实现者+Port"
targetNamespace	命名空间名称,发布 Web 服务的命名空间,此名称默认为包路径的"倒写"
endpointInterface	服务接口全路径,指定做 SEI(Service EndPoint Interface)服务的端点接口
wsdlLocation	描述服务的预定义 WSDL 的位置,Web 地址可以是相对路径或绝对路径

例如,下面的代码演示了 Web 服务注解的使用:

```
@WebService(
        serviceName="CalculatorService",
        //Web 服务的服务名称,对应 WDSL 中<wsdl:service>的名称
        name="CalculatorInterface",
        //Web 服务的名称,对应 WDSL 中<wsdl:portType>的名称
        portName="CalcuatorPort",
        //Web 服务的端口名称,对应 WDSL 中<wsdl:portName>的名称
        targetNamespace="http://calculator.wfu.com",
        //命名空间名称,发布 Web 服务服务的命名空间
        endpointInterface="com.wfu.service.CalculatorInterface"
        //服务接口全路径,指定做 SEI 服务端点接口,此时接口中也要加上@WebService
)
public class CalculatorService implements CalculatorInterface {
    ...
}
```

7.3.3 javax.jws.WebMethod

@WebMethod 注解表示作为一项 Web 服务操作的方法,且该方法必须是公共方法。在使用 @WebService 注解的类或接口的方法时,该注解才有作用。@WebMethod 注解的常用属性如表 7.2 所示。

表 7.2 WebMethod 注解常用属性

名　称	功　能
action	定义此操作的行为,对于 SOAP 绑定,此值对应 WSDL 中的<SOAP:action>头的值,缺省值为""
operationName	指定与此方法相匹配的<wsdl:operation>的名称;缺省值为 Java 方法的名称
exclude	指定是否从 Web 服务中排除某一方法,缺省值为 false

7.3.4 javax.jws.WebParam

@WebParam 注解用于定制从单个参数至 Web 服务消息部件和 XML 元素的映射。@WebParam 注解的常用属性如表 7.3 所示。

表 7.3 WebParam 注解常用属性

名　称	功　能
name	参数的名称,若未指定 partName 属性,用于表示参数的 wsdl:part 属性的名称;如果操作是文档类型,用于表示该参数的 XML 元素的局部名称;如果操作是文档类型、参数类型为 BARE 并且方式为 OUT 或 INOUT,那么必须指定此属性

续表

名称	功能
partName	定义用于表示此参数的 wsdl:part 属性的名称，仅当操作类型为 RPC 或者操作是文档类型并且参数类型为 BARE 时才使用此参数
targetNamespace	指定参数的 XML 元素的 XML 名称空间，当属性映射至 XML 元素时，仅应用于文档绑定，缺省值为 Web 服务的 targetNamespace
mode	此值表示此方法的参数流的方向，有效值为 IN、INOUT 和 OUT
header	指定参数是在消息头还是消息体中，缺省值为 false

7.3.5 javax.jws.WebResult

@WebResult 注解用于定制返回值至 WSDL 部件或 XML 元素的映射。@WebResult 注解的常用属性如表 7.4 所示。

表 7.4 WebResult 注解常用属性

名称	功能
name	指定返回值到 WSDL 部分和 XML 元素的映射关系，若未指定 partName 属性，用于表示返回值的 wsdl:part 属性的名称；对于文档绑定，用于表示返回值的 XML 元素的局部名。对于 RPC 和 DOCUMENT/WRAPPED 绑定，缺省值为 return。对于 DOCUMENT/BARE 绑定，缺省值为方法名＋Response
targetNamespace	指定返回值的 XML 名称空间。仅应用于文档绑定，缺省值为 Web Service 的 targetNamespace
header	指定头中是否附带结果，缺省值为 false
partName	定义用于表示此参数的 wsdl:part 属性的名称，仅当操作类型为 RPC 或者操作是文档类型并且参数类型为 BARE 时才使用此参数

例如，下面的代码演示了@WebMethod、@WebParam 和@WebReturn 注解的使用：

```
@WebService
@SOAPBinding(style=Style.DOCUMENT,parameterStyle=ParameterStyle.BARE)
public interface RandInterface {
    @WebMethod(
        operationName="functionNext",//指定与此方法相匹配的<wsdl:operation>的
                                     //名称。缺省值为 Java 方法的名称
        action="Next")//定义此操作的行为。对于 SOAP 绑定，此值对应 WSDL 中的<SOAP:
                   //action>头的值。缺省值为""
    public @WebResult(
        partName="nextReturn",//定义用于表示此参数的 wsdl:part 属性的名称
        targetNamespace="http://www.wxxxu.edu.cn"
        //指定返回值的 XML 名称空间，缺省值为 Web 服务的 targetNamespace
```

```
        ) int next1();
    @WebMethod
    public @WebResult(
        name="nextNReturn"//指定返回值到 WSDL 部分和 XML 元素的映射关系,若未指定
                          //partName 属性,用于表示返回值的 wsdl:part 属性的名称。
                          //对于文档绑定,用于表示返回值的 XML 元素的局部名
        )int[] nextN(@WebParam(
            name="n",//参数的名称。若未指定 partName 属性用于表示参数的 wsdl:
                     //part 属性的名称。如果操作是文档类型用于表示该参数的 XML
                     //元素的局部名称
            targetNamespace="http://www.wxxxu.edu.cn"//指定参数的 XML 元素
            //的 XML 名称空间,缺省值为 Web 服务的 targetNamespace
            )final int n);
    @WebMethod(exclude=true)     //指定从 Web 服务中排除方法 sayHello
    public String sayHello(String name);
}
```

该服务发布后,对应的部分 WSDL 文档的内容如图 7.9 所示。

```
  <message name="functionNext"/>
- <message name="functionNextResponse">
    <part name="nextReturn" xmlns:ns1="http://www.wfu.edu.cn" element="ns1:functionNextResponse"/>
  </message>
- <message name="nextN">
    <part name="n" xmlns:ns2="http://www.wxxxu.edu.cn" element="ns2:n"/>
  </message>
- <message name="nextNResponse">
    <part name="nextNReturn" element="tns:nextNReturn"/>
  </message>
- <portType name="RandService">
  - <operation name="functionNext">
      <input message="tns:functionNext" wsam:Action="Next"/>
      <output message="tns:functionNextResponse" wsam:Action="http://ws.wxxxu.com/RandService/functionNextResponse"/>
    </operation>
  - <operation name="nextN">
      <input message="tns:nextN" wsam:Action="http://ws.wxxxu.com/RandService/nextNRequest"/>
      <output message="tns:nextNResponse" wsam:Action="http://ws.wfu.com/RandService/nextNResponse"/>
    </operation>
  </portType>
- <binding name="RandServicePortBinding" type="tns:RandService">
    <soap:binding style="document" transport="http://sxxxs.xmlsoap.org/soap/http"/>
  - <operation name="functionNext">
      <soap:operation soapAction="Next"/>
    - <input>
        <soap:body use="literal"/>
      </input>
    - <output>
        <soap:body use="literal"/>
      </output>
    </operation>
  - <operation name="nextN">
      <soap:operation soapAction=""/>
    - <input>
        <soap:body use="literal"/>
```

只有next1和nextN两个操作,sayHello操作通过使用“exclude=true”，而被从服务中取消

图 7.9 Web 服务的部分 WSDL 显示

7.3.6 javax.jws.SOAPBinding

@ SOAPBinding 注解用于指定 Web 服务到 SOAP 消息协议的映射关系。@ SOAPBinding 注解的常用属性如表 7.5 所示。

表 7.5 SOAPBinding 注解常用属性

名　　称	功　　能
style	定义发送至 Web 服务和来自 Web 服务的消息的编码样式，有效值为 DOCUMENT 和 RPC，缺省值为 DOCUMENT
use	定义用于发送至 Web 服务和来自 Web 服务的消息的格式，缺省值为 LITERAL
parameterStyle	确定方法的参数是否表示整个消息体，或者参数是否是封装在执行操作之后命名的顶级元素中的元素，有效值为 WRAPPED 或 BARE；对于 DOCUMENT 类型的绑定只能使用 BARE 值，缺省值为 WRAPPED
style	定义发送至 Web 服务和来自 Web 服务的消息的编码样式，有效值为 DOCUMENT 和 RPC，缺省值为 DOCUMENT

7.4 本章小结

- JAX-WS 的基本概念。
- 学会通过 JAX-WS 创建基于 SOAP 的 Web 服务的方法。
- 掌握 JAX-WS 的常用注解。

参考文献

[1] 朱福喜,尹为民,余振坤. Java语言与面向对象程序设计[M]. 武汉：武汉大学出版社,2002.

[2] 刘德意,王峻岭. Java编程指南[M]. 北京：清华大学出版社,1997.

[3] 祝红涛,陈军红. XML应用入门与提高[M]. 北京：清华大学出版社,2015.

[4] 顾宁,刘家茂,柴晓路. Web Services原理与研发实践[M]. 北京：机械工业出版社,2011.

[5] Michael P. Papazoglou. Web服务原理与技术[M]. 龚玲,张云涛,译. 北京：机械工业出版社,2009.

[6] 田中雨,郭磊. XML实践教程[M]. 北京：清华大学出版社,2016.

[7] 丁跃潮,张涛. XML实用教程[M]. 北京：北京大学出版社,2006.

[8] 邵峰晶,韩敬海,于忠清. Web Services应用开发[M]. 北京：电子工业出版社,2011.

[9] 林胜利,王坤茹,孟海利. Java优化编程[M]. 北京：电子工业出版社,2005.

[10] 黄敏学. 电子商务[M]. 北京：高等教育出版社,2001.

[11] 柴晓路,梁宇奇. Web Services技术、架构和应用[M]. 北京：电子工业出版社,2003.

[12] Joseph Giarratano,Gary Riley. 专家系统原理与编程[M]. 陈忆群,刘星成,译. 北京：机械工业出版社,2006.

图书资源支持

感谢您一直以来对清华版图书的支持和爱护。为了配合本书的使用，本书提供配套的资源，有需求的读者请扫描下方的“书圈”微信公众号二维码，在图书专区下载，也可以拨打电话或发送电子邮件咨询。

如果您在使用本书的过程中遇到了什么问题，或者有相关图书出版计划，也请您发邮件告诉我们，以便我们更好地为您服务。

我们的联系方式：

地　　址：北京市海淀区双清路学研大厦 A 座 701

邮　　编：100084

电　　话：010-83470236　010-83470237

资源下载：http://www.tup.com.cn

客服邮箱：2301891038@qq.com

QQ：2301891038（请写明您的单位和姓名）

资源下载、样书申请

书圈

扫一扫，获取最新目录

课 程 直 播

用微信扫一扫右边的二维码，即可关注清华大学出版社公众号“书圈”。